SONHOS

Os seus significados

Editora
Yolbook

ISRAEL FOGUEL

SONHOS
Os seus significados

1ª Edição

São Paulo
Edição do Autor
2023

Copyright © Israel Foguel - 2023
Editor Israel Foguel

Diagramação e capa: Israel Foguel

Livro registrado de acordo com a lei 9.610, de 19 de fevereiro de 1998.

Dados para catalogação na publicação (CIP)

F656s Foguel, Israel, 1954 –

Sonhos: Os seus significados/
Israel Foguel - São Paulo: Editora Yolbook, 2023.
140 p.; 14,8 x 21 cm.

ISBN 978-65-00-60897-7

1.Astrologia 2.Sonhos. I.Título

CDD – 135   **CDU- 159.96**

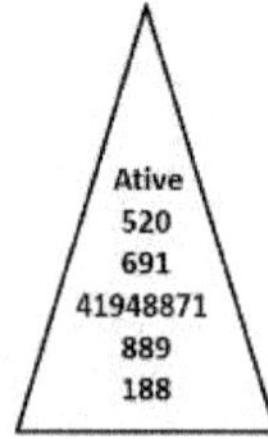

INTRODUÇÃO

O sonho é uma experiência que possui significados distintos se for ampliado um debate que envolva religião, ciência e cultura.

Para a ciência, é uma experiência de imaginação do inconsciente durante nosso período de sono.

Para Freud, os sonhos noturnos são gerados, na busca pela realização de um desejo reprimido. Recentemente, descobriu-se que até os bebês no útero têm sono REM (movimentos rápidos dos olhos) e sonham, mas não se sabe com o quê. Em diversas tradições culturais e religiosas, o sonho aparece revestido de poderes premonitórios ou até mesmo de uma expansão da consciência.

Para a psicanálise, conforme Freud, sonho é o *"espaço para realizar desejos inconscientes reprimidos"*.

O psiquiatra e pesquisador americano John Allan Hobson considerou *"os sonhos como um mero subproduto da atividade cerebral noturna"*. Existem duas fases do sono.

A primeira é o sono de ondas lentas, em que a atividade do cérebro é baixa e, por isso, não se formam filmes em nossa mente, apenas pensamentos mais ou menos normais que passam em uma espécie de tela escura, em imagens.

Já a segunda fase é de alta atividade e nomeada REM - sigla em inglês para "movimentação rápida dos olhos" (Rapid Eyes Movement). E é durante a fase de REM que os sonhos ocorrem, pelo menos nos adultos.

Foi em 1900, com a publicação de *A Interpretação dos Sonhos*, que Sigmund Freud (1856-1939) deu um caráter científico à matéria. Naquele polêmico livro, Freud aproveita o que já havia sido publicado anteriormente e faz investidas completamente novas, definindo o conteúdo do sonho, geralmente como a *"realização de um desejo"*. Para o pai da psicanálise, no enredo onírico há o sentido manifesto (a fachada) e o sentido latente (o significado), este último realmente importante.

A fachada seria um despiste do superego (o censor da psique, que escolhe o que se torna consciente ou não dos conteúdos inconscientes), enquanto o sentido latente, por meio da interpretação simbólica, revelaria o desejo do sonhador por trás dos aparentes absurdos da narrativa.

O psiquiatra suíço Carl Gustav Jung, baseado na observação dos seus pacientes e em experiências próprias, tornou mais abrangente o papel dos sonhos, que não seriam apenas reveladores de desejos ocultos, mas sim, uma ferramenta da psique que busca o equilíbrio por meio da compensação. Ou seja, alguém masculinizado pode sonhar com figuras femininas que tentam demonstrar ao sonhador a necessidade de uma mudança de atitude.

Na busca pelo equilíbrio, personagens arquetípicas interagem nos sonhos em um conflito que buscam levar ao consciente conteúdo do inconsciente.

Entre essas personagens, estão a anima (força feminina na psique dos homens), o animus (força masculina na psique das mulheres) e a sombra (força que se alimenta dos aspectos não aceitos de nossa personalidade).

Esta última, nos sonhos, são os vilões. Um aspecto muito importante em se atentar nos sonhos, segundo a linha junguiana, é saber como o sonhador, o protagonista no sonho (que representa o ego) lida com as forças malignas (a sombra), para se averiguar como, na vida desperta, a pessoa lida com as adversidades, a autoridade e a oposição de ideias.

Jung aponta os sonhos como forças naturais que auxiliam o ser humano no processo de individualização.

Ao contrário de Freud, as situações absurdas dos sonhos para Jung não seriam uma fachada, mas a forma própria do inconsciente de se expressar. Para o mestre suíço, há os sonhos comuns e os arquetípicos, revestidos de grande poder revelador para quem sonha. A interpretação de sonhos é uma ferramenta crucial para a psicologia analítica, desenvolvida por Jung.

Os sonhos são cargas emocionais armazenadas no inconsciente, que projetam imagens e sons, e de acordo com Freud como sabemos que os objetos nos sonhos são derivados de cargas emocionais, podemos através deles chegar a raiz, ou seja, as emoções que geraram essa imagem ou som.

Sendo estudados corretamente podem se descrever, ou melhor, conhecer o momento psicológico do indivíduo. Fazendo uma analogia, poderíamos pensar numa espécie de "fotografia" do inconsciente naquele momento. Por isso, o sonho sempre demonstra aspectos da vida emocional. Nos sonhos sua linguagem são o que Freud denomina símbolos.

Para entender seus variados conteúdos, temos que reconhecer o que os símbolos representam nesse sonho. Semelhante ao que foi estudado por Stanislavski, a simbologia dos sonhos não só está dada pelo contato que o criador do sonho teve com o objeto mas também com o caráter, ou seja, a forma que ele lida e relaciona sentimentalmente esse objeto a coisas de sua vida. Um exemplo prático o mar pode apresentar distintas simbologias (que são importantes para a interpretação dos sonhos pois se trata de descobrir a raiz) variando de pessoa a pessoa (inclusive a época). Para alguns o mar pode significar destruição (o mar destruindo estruturas deixadas na praia) mas para outros, invasão (a água avançando e invadindo território). De acordo com Freud o que a pessoa sente quanto a esse objeto ou essa situação é fundamental para a interpretação de sonho.

"*Os sonhos são a estrada real para o conhecimento da mente*". Portanto as terapias psicanalíticas usam interpretação dos sonhos como um recurso para "elaborar". Carl Gustav Jung passou a se dedicar profundamente aos meios pelos quais se expressa o inconsciente. Em sua teoria, enquanto o inconsciente pessoal consiste fundamentalmente de material reprimido e de complexos, o inconsciente coletivo é composto fundamentalmente de uma tendência para sensibilizar-se com certas imagens, ou melhor, símbolos que constelam sentimentos profundos de apelo universal, os arquétipos.

Existem outras correntes, que veem o sonho de modo diverso. Os neurocientistas, de modo geral, afirmam que o sonho é apenas uma espécie de tráfego de informação sem sentido que tem por função manter o cérebro em ordem. Essa teoria só não explica como esses enredos supostamente desconexos são responsáveis por grandes insights, como em Thomas Edison, por exemplo. Existem muitos outros casos de sonhos reveladores em várias áreas da ciência e da arte, que todavia não impedem que os sonhos sirvam também para recuperar a saúde do organismo e do cérebro.

A oniromancia, previsão do futuro pela interpretação dos sonhos, tem grande credibilidade nas religiões judaico-cristãs: consta na Torá e na bíblia que Jacó, José e Daniel receberam de Deus a habilidade de interpretar os sonhos.

No Novo Testamento, José é avisado em sonho pelo anjo Gabriel de que sua esposa traz no ventre uma criança divina, e depois da visita dos Reis Magos um anjo em sonho o avisa para fugir para o Egito e quando seria seguro retornar a Israel.

No islamismo, os sonhos bons são inspirados por Alah e podem trazer mensagens divinatórias, enquanto os pesadelos são considerados armadilhas de Satã.

Filósofos ocidentais eram céticos quanto ao tema religião e sonhos, por alegarem que não haveria controle consciente durante os sonhos, mas estudos recentes analisando movimentos dos olhos (REM) durante o sono mostram resultados cientificamente comprovados com sonhos lúcidos, que se contrapõem às teorias anteriores.

Pensadores, cientistas e matemáticos como René Descartes e Friedrich August Kekulé von Stradonitz também tiveram em sonhos visões reveladoras. Descartes, em viagem à Alemanha, teve uma visão em sonho de um novo sistema matemático e científico. Kekulé propôs a fórmula hexagonal do benzeno após sonhar com uma cobra que mordia sua própria cauda. O grande pai da tabela periódica, Dimitri Mendeleiev, afirmou ter tido um sonho no qual era mostrado o modelo da tabela periódica atual.

Uma parte minoritária da população, cerca de 12%, sonha em preto e branco. Em 2008, um estudo da Universidade de Dundee descobriu que pessoas que foram expostas apenas a televisão e filmes em preto e branco quando crianças reportam ter sonhos monocromáticos 25% das vezes em que sonham.

O que significa os seus Sonhos

Você sabe o que são os sonhos e por que eles acontecem?

Segundo a psicologia, os sonhos são manifestações do nosso subconsciente, que usa nossa vida onírica para transmitir mensagens, falar sobre o nosso comportamento no presente, e em alguns casos, prever algo que vai acontecer adiante.

Interpretação de sonhos, portanto é coisa séria, porque um direcionamento errado pode causar muitos transtornos na sua vida.

Interpretar um sonho não é tarefa fácil, porque os sonhos são mensagens enviadas pelo nosso subconsciente para nos dar avisos ou até mesmo prever o que pode acontecer em nosso futuro. Se você quer interpretar um sonho, precisa tentar se lembrar do máximo de detalhes possível, para que a interpretação seja bastante fiel e condizente com o sonho que você teve nesta noite.

O mundo dos sonhos talvez seja um dos grandes mistérios da humanidade. Os nossos sonhos têm significado? Por que sonhamos? Eles podem prever o que acontecerá no futuro ou podem esclarecer algo a respeito do que sentimos e nem mesmo sabemos que sentimos? Há diversas interpretações para a vida onírica, mas nenhuma delas é definitiva.

Há vários "óculos" que podemos colocar para tentar interpretar um sonho: os óculos da ciência, da religião, da espiritualidade, da filosofia ou da psicologia. Mas uma coisa é fato: os sonhos são representações dos pensamentos e sentimentos mais profundamente escondidos em nosso subconsciente, tão escondidos que só vêm à tona durante o sono, quando a mente afrouxa suas amarras e o fluxo de pensamentos e sentimentos se torna mais livre. Interpretar um sonho é, portanto, essencial se você quer entender o que o seu subconsciente tem a te comunicar!

Interpretar um sonho é uma questão delicada, porque não envolve uma ligação direta entre fatos e significados. Sonhar uma derrota não significa necessariamente que em breve você será derrotado. Muitas vezes pode significar justamente o contrário, então, quando sonhar e ficar intrigado com o que viu no sonho, procure anotar ou memorizar o maior número possível de detalhes, para fazer uma análise mais precisa e mais abrangente.

Nem sempre é fácil interpretar um sonho, porque a vida onírica é usada pelo nosso subconsciente para o envio de mensagens que estão profundamente enraizadas em nós, isto é, escondidas profundamente em nosso íntimo.

A maior parte da interpretação dos sonhos tem duas origens: as tradições milenares de interpretações de sonhos, baseadas nas crenças de povos antigos que levavam muito a sério o estudo dos sonhos; e de seus significados, além de algumas teorias do estudo da mente humana, sobretudo advindas da psicanálise, que defende os sonhos como manifestações do nosso subconsciente, isto é, uma parte de nossa mente à qual não temos acesso direto, mas que rege o nosso comportamento sem que tenhamos escolha.

Através de uma pesquisa em diversos canais interpretativos de sonhos, de especialistas nesta área, elaboramos uma sequência, tentando desvendar o significado de seus sonhos.

Sonhar com Arma

As armas, nos sonhos, são normalmente vistas como símbolos de agressividade ou de comportamento destrutivo na vida desperta. No entanto esse simbolismo é muito restrito e limitado, uma vez que este sonho pode ser composto por muitos detalhes que podem alterar significativamente sua interpretação. É possível, sim, que o sonho tenha se originado de estímulos emocionais que contenham certo grau de hostilidade, porém nem sempre é assim. Em alguns casos, por exemplo, o sonho pode se originar de simples gatilhos psíquicos desencadeados pelas impressões captadas durante a vida de vigília, como novelas, jornais, noticiários, filmes ou acontecimentos da vida desperta. Nestes casos, o significado de sonhar com arma não possui nenhum simbolismo que possa lhe ser útil, tratando-se apenas de estímulos captados durante o seu dia a dia.

Para descobrir o que significa sonhar com arma de fogo é preciso resgatar ao máximo todos os detalhes que compõem este sonho, por exemplo: Havia outras pessoas com você? Se sim, quem eram? Qual era a emoção presente no momento? Raiva, ódio, tristeza, alegria, medo...? Qual era o tipo de arma? Revólver, espingarda, metralhadora, espada, faca, pistola...? Essa arma foi utilizada por você ou por outra pessoa? Você consegue se recordar se existia algum objetivo no sonho? Por exemplo: matar alguém ou se defender de um possível ataque.

Como você deve ter notado, existem muitos detalhes que podem facilitar a análise e a interpretação deste sonho. O mais importante de tudo isso é identificar os sentimentos, emoções e objetivos presentes no sonho. Sua atitude e seu comportamento perante essa visão onírica podem revelar muito sobre sua situação atual, permitindo que você mude a direção dos problemas que vem enfrentando. Dentro todos os tipos de armas, as de fogo são as mais comuns nos sonhos, junto às facas. As armas de fogo podem ser muitas em um sonho, como pistolas, revólveres, metralhadoras etc. O tipo de arma exerce grande simbolismo neste sonho. Devido à extensão deste assunto, há um resumo para cada tipo de arma, mas não se apegue a estes resumos, pois, como explicado na introdução, os detalhes podem mudar completamente o significado.

Pistola: ver uma pistola em um sonho costuma simbolizar o desejo de sofisticação na vida material. O sonho reflete o seu padrão de pensamento envolvendo a necessidade de conforto e sucesso pessoal

Revólver: indica comportamento hostil na vida desperta. Talvez as coisas não estejam saindo como você tem planejado.

Metralhadora: comportamento impulsivo e atitudes incoerentes com a sua verdadeira identidade podem se refletir nos sonhos com metralhadoras.

Sonhar com arma apontada: se alguém estava apontando a arma para você, isso sugere que você está se sentindo desprotegido e inseguro na vida de vigília. Se for possível identificar a pessoa que apontava a arma, então essa pessoa pode ser a fonte principal dos desconfortos existenciais que você tem experimentado na vida desperta.

Sonhar com arma branca: as facas estão ligadas à capacidade de enfrentar dificuldades e obstáculos. Ela possui dois aspectos: o destruidor e o construtor. Se você é uma pessoa que foge de situações que causam desconforto, então você não está fazendo nada para o seu progresso e aprendizado. Nesse caso, você se enquadra na categoria destruidor. Por outro lado, se você é uma pessoa que enfrenta as dificuldades pensando em melhorar-se, você é um construtor. Isso é um ótimo indicador, porque demonstra o quanto você é capaz de superar momentos de dificuldade e ainda absorver ótimo aprendizado de tais experiências.

Sonhar com arma de brinquedo: demonstra que seus medos e preocupações são infundados e desnecessários. O que se passa em sua mente é muito pior do que aquilo que realmente acontece na realidade. Talvez você tenha nutrido muitos fantasmas em sua mente, porém saiba que é tudo ilusão psicológica e a arma de brinquedo revela essa predisposição a exagerar em tudo.

Sonhar com arma apontada para a cabeça: do ponto de vista espiritual, quando estamos em condições de risco em um sonho, isso simboliza nossas fraquezas e fragilidades mentais e espirituais, portanto este sonho indica um baixo nível de lucidez e percepção sobre si mesmo. Há relatos de que pessoas que deparam com armas apontadas para a cabeça estão, de alguma maneira, sendo obsidiadas por seres espirituais.

Sonhar com Assalto

Se você teve esse sonho, que normalmente é um pesadelo, saiba que a interpretação dele é muito mais do que o que aparenta, já que as mensagens vêm do nosso subconsciente. Resgate o maior número possível de detalhes dos sonhos e entenda o que eles significam.

Esse sonho recomenda que você volte-se mais para si mesmo com o objetivo de entender o que sente e por que sente, porque provavelmente tem sido bastante negligente consigo mesmo e com seus sentimentos. Então procure se ouvir mais e entender de maneira mais detalhada o que está em seu coração e em sua mente.

Sonhar com assalto e polícia: por si só, representa uma necessidade de promover equilíbrio na vida desperta. O que determina os detalhes do significado dele é o desfecho: se a polícia prevaleceu diante do assaltante, é um sonho que demonstra que a sua mente tem bases sólidas e preparo para resolver os problemas atuais; se o assaltante prevaleceu, porém, há um sentimento de insegurança e vulnerabilidade rondando o que você pensa e sente, então é preciso estar atento.

Sonhar com assalto na rua: é um sonho que simboliza um medo muito grande de perder alguma coisa, mas esta não tem nada a ver com valores ou bens materiais. O que você teme perder está mais relacionado às suas emoções e aos seus sentimentos, então é bom tentar entender a origem do seu medo e como combatê-lo, já que muitas vezes sentimos medos que não entendemos.

Sonhos: Os seus significados

Sonhar com assalto em casa: o psicanalista Sigmund Freud, em seu "Livro dos Sonhos", escreveu que qualquer sonho ligado a uma casa e a um lar está relacionado à intimidade da pessoa. Analisando a partir desse ponto de vista, então, ver um assaltante roubando a sua casa representa um sentimento de perda ou de invasão da sua privacidade e do que é mais íntimo em sua vida.

Sonhar com assalto no trabalho: há, obviamente, desconfortos na sua vida profissional. O primeiro impulso após esse sonho é achar que há alguém querendo nos prejudicar ou passar a perna no ambiente de trabalho, mas, a verdade, é que o mais provável seja você estar sendo o seu pior inimigo em sua carreira. Você está onde gostaria de estar profissionalmente? Se não está, o que tem feito para chegar lá? Reavalie os seus caminhos.

Sonhar que vê um assalto: mas que não está envolvido nele, indica que você está vendo uma injustiça muito grande em algum relacionamento muito importante em sua vida, que pode ser conjugal, de amizade, familiar e até mesmo profissional. Procure entender de onde vem essa sensação de injustiça e o que é possível fazer para corrigi-la e promover relacionamentos mais saudáveis em sua vida.

Sonhar que assalta alguém: seguindo a linha do último sonho, essa é uma aparição na vida onírica que demonstra estar havendo uma grande injustiça em algum relacionamento importante para você, com a adição de que, neste caso, você é perpetrador de algum possível abuso que esteja acontecendo e desse desequilíbrio nesta relação. Então repense as suas posturas com as pessoas que você ama, porque você certamente não quer fazer mal a elas, não é?

Sonhar com um assaltante: se a figura central do sonho não era o assalto, em si, mas o próprio assaltante, há uma conotação erótica e sensual neste sonho, que indica desejos reprimidos e, provavelmente, uma vontade de estar numa relação sexual em que haja uma relação de dominador-submisso e, é provável, que você queira assumir o papel de submissão, a não ser que o assaltante fosse você.

Sonhar que não viu o assalto acontecer: faz mais referência a um furto, aquele crime que acontece quando alguém subtrai algo de nós, mas nem mesmo conseguimos ver quando isso ocorreu, apenas percebemos a falta do objeto roubado em algum momento. Essa ocorrência na vida onírica indica que você sente que está sendo prejudicado por alguém e que está desconfiando de algumas pessoas, mas não percebe que o seu maior vilão é você mesmo.

Sonhar com assalto e morte: é um sonho que faz referência direta a um desejo reprimido e recalcado, simbolizado aqui pela morte, ou seja, algo que encontrou um fim trágico. Quando falamos sobre desejos em sonhos, o significado mais frequente é crer em desejos sexuais, mas não tem a ver com isso. A quantas andam os seus anseios profissionais, os projetos que você desenhou, as metas que traçou e as prioridades que definiu para si mesmo?

Sonhar com tentativa de assalto: normalmente está relacionado à vida financeira e àquela sensação de não conseguir realizar os objetivos financeiros que traçou para si mesmo. Então é importante repensar a sua relação com o seu dinheiro e o modo como você persegue as metas financeiras que definiu para si mesmo. Ter maturidade é manter uma boa relação com os seus projetos financeiros.

Sonhar com assalto a carro: se você sonhou que viu, presenciou ou foi diretamente vítima de um assalto a um veículo, esse sonho traz um alerta: talvez seja o momento ideal para aprender a se preocupar menos com bens materiais e mais com o seu mundo interior. Deixe para trás as preocupações relacionadas à ambição e viva uma vida mais conectada à essência das coisas e de si mesmo!

Sonhar com Assombração

Sonhar com assombração nunca é agradável. Muitas vezes, o sonho é um pesadelo e geralmente o faz acordar tremendo e com fortes sentimentos de medo. A maioria das pessoas acorda, sente medo do que está à sua volta e até olha ao redor, esperando ver a assombração que viu em seus sonhos. Sonhar com assombração pode surgir porque você está dormindo em um novo lugar. Você pode estar dormindo na casa de um amigo ou em um hotel. Sabe-se que uma mudança de cenário causa ansiedade, então você não deve se surpreender quando uma assombração aparecer em seu sonho. É um sinal de que você está fazendo um grande esforço para lidar com seus medos reprimidos e suas memórias dolorosas ou simboliza alguma mudança que é necessária em sua vida para trazer resultados positivos e agradáveis. Não deixe o medo te dominar.

Outra razão para sonhar com assombração é uma experiência traumática passada. Você pode ter vivenciado um evento horrível que está causando esse sonho. Você pode ter visto a morte de alguém em um acidente ou talvez você tenha ido a um funeral recentemente. Buscar tratamentos terapêuticos para esse caso é frequentemente a melhor maneira de ajudar a interromper os horríveis sonhos com assombração. Além disso, sonhar com assombração pode ser resultado de um erro do passado que assombra você. Você pode ter feito algo ruim no passado de que se sente culpado. Esse engano pode estar assombrando você durante seu tempo acordado, por isso você pode sonhar com assombração.

A melhor coisa é deixar o passado no passado. Se você não pode mudar, tente encontrar maneiras de viver em paz. Libertar-se dos arrependimentos e dos laços do passado é a melhor maneira de ter sonhos doces e sem assombrações. Além disso, sonhar com assombração pode ser reflexo do seu interesse por coisas sobrenaturais.

Na visão espírita, sonhar com assombração indica uma visitação, não uma criação do subconsciente. A visita de um desencarnado dificilmente ocorrerá quando você estiver acordado, até porque você vai se assustar. O espírito que te visita percebeu a necessidade de guiá-lo e claramente transmitirá sua mensagem; às vezes pode falar em palavras ou você entenderá a mensagem telepaticamente sem qualquer troca de palavra.

Sonhar com assombração em seu quarto: é uma indicação dos seus medos. Assombrações costumam aparecer em sonhos durante períodos em que você está estressado e falhando em algo que deseja desesperadamente alcançar. Sonhar com assombração em sua casa é uma mensagem para você mudar seus métodos e parar de se esforçar demais para alcançar algo que está claramente fora de alcance.

Sonhar com assombração te atacando: representa que você está se sentindo preso em questões não resolvidas. Sonhar com assombração te atacando é sinal de que existem memórias ruins ou aspectos negativos de sua vida que ainda estão afetando você. Você precisa começar a enfrentar e processar toda a negatividade do passado. Aprenda a desenvolver confiança em si, para que possa deixar o passado para trás.

Sonhar que está correndo de uma assombração: é indicação de que há uma situação ou alguém em sua vida de quem você deseja desesperadamente escapar. Sonhar com assombração e que você está correndo dela alerta: faça um balanço de sua vida e veja se há algo que faz você sentir vontade de correr. Pode ser uma relação sufocante ou grandes expectativas profissionais. A melhor solução é enfrentar a situação e deixar que todos saibam que você se sente oprimido.

Sonhar com assombração falando com você: indica que agora você está pronto para enfrentar seus piores medos. Sonhar com assombração falando com você significa que você está se sentindo cansado de ser retido e quer seguir em frente para as melhores coisas que o aguardam no futuro. Portanto esse sonho alerta: enfrente seus medos e lide com eles, mesmo que isso cause descontentamento nas pessoas ao seu redor. Definitivamente é hora de colocar todos os seus medos de lado e pensar em si mesmo, não importa o quanto doa.

Sonhar com assombração amigável: é uma indicação da sua solidão e da sua necessidade de ter um amigo próximo. Sua vida pode girar em torno do trabalho e você não tem uma vida social. Sonhar com assombração amigável simboliza que você precisa de companhia em sua vida. A solução seria você sair mais e tentar fazer amigos.

Sonhar com Carne crua

Sonhar com carne crua é um pedido para que você considere expandir uma prática espiritual. Há muito o que você pode realizar, ajudando os outros a encontrar suas aspirações espirituais. Além disso, esse sonho indica que seus guias estão trabalhando com você para garantir que tudo o que você deseja esteja disponível. Ouça atentamente as mensagens que esse sonho transmite para você. É um sonho sobre planos ou ideias subdesenvolvidas em sua vida. É um sinal de que você não está pensando nas coisas. Você provavelmente está se sentindo despreparado para as tarefas em sua vida. Você ainda tem o mundo inteiro à sua frente para ser conquistado.

Você precisa aprender a dominar si mesmo. Se fizer isso, você terá pouca resistência ao tentar dominar o seu mundo e alcançará tudo o que se propuser a realizar. Tudo de que você precisa é entender e apreciar suas habilidades.

Sonhar com carne crua simboliza que sua sabedoria interior tem muito a oferecer quando se trata de sua vida, então ela vai ajudá-lo a liberar todas as formas de apreensões e tensões. Além disso, por meio desse sonho, seus guias divinos estão pedindo que você cuide da sua espiritualidade. Você pode considerar assumir uma vocação espiritual, pois isso irá capacitá-lo a espalhar conhecimento espiritual. Você pode considerar se envolver em trabalho de caridade e humanitário. Seu coração gentil e sua natureza carinhosa são ativos maravilhosos nesta linha de trabalho. E a melhor notícia é que seus mestres ascendidos estão trabalhando com você para atingir seus objetivos.

Sonhar que come carne crua: é que você tem uma mensagem urgente sobre a direção de sua vida. Seus guias e mestres ascendidos querem que você tome medidas. Você está vivendo uma vida acelerada demais, então precisa levar uma vida mais leve, mais feliz. Seus guias estão pedindo para você relaxar.

Sonhar com carne crua no chão: se relaciona a crescimento e progresso. Sonhar com carne crua no chão significa que você está em busca de uma vida bem-sucedida. Mas você deve ser paciente.

Coisas boas levam tempo para se materializar. Mantenha-se motivado, porque tudo acontecerá no momento certo.

Sonhar com carne crua no prato branco: ter esse sonho simboliza problemas com possíveis empreendimento. Sonhar com carne crua no prato surge como um alerta: se você está pensando em começar um negócio, pense novamente antes de seguir em frente. Você pode estar atraído por um tipo de empreendimento que não lhe renderá nenhum fruto. Você deve continuar trabalhando duro. Mantenha um plano claro e uma estratégia do que você quer realizar.

Sonhar com carne crua e podre: Quando tiver esse sonho, considere-o um alerta: você deve ter cuidado com algumas pessoas que estão ao seu redor, porque algumas delas podem lhe trazer problemas e confusões. Sonhar com carne crua e podre é um sinal de que você deve identificar quem são essas pessoas e se afastar delas. Evite pessoas que querem confusões, brigas e problemas. Você não precisa dessas pessoas em sua vida, de pessoas que tentam tirar a sua paz.

Sonhar que limpa carne crua: significa que você está se sentindo perdido e confuso em sua vida desperta. Livre-se de todas as negatividades para que você possa ter uma perspectiva melhor da sua vida. Com sua mente limpa, você verá a necessidade de buscar iluminação espiritual e despertar espiritual.

Sonhar com carne crua dentro de uma panela preta: Esse sonho fala do seu crescimento geral e de progresso. Sonhar com carne crua na panela é um sinal para chamar sua atenção para a sua singularidade. Você é ricamente dotado de qualidades especiais. Esse sonho pede para que você use suas habilidades para melhorar a sua vida. Use-as para facilitar a vida dos seus entes queridos, amigos e colegas. Seus mestres ascendidos têm muita fé em você.

Sonhar com carne crua na mão: indica que você deve ser fiel a si mesmo. Viva sua vida de acordo com suas crenças, seus valores e seus princípios. Considere suas necessidades em tudo o que faz. Ouça sua intuição antes de tomar qualquer decisão. Essa é a hora de entrar em contato com seu "eu" interior. Você sabe quais são os seus desejos? Ao ouvir seu coração, você receberá a orientação de que precisa.

Sonhar com Casa

É muito comum que acordemos e tentemos fazer uma associação direta e simplória do sonho que tivemos durante a noite, mas a análise dos sonhos não é uma simples livre associação. Muitos psicólogos dedicaram suas carreiras para interpretar o significado de determinados tipos de sonho. Se você deseja interpretar um sonho, é preciso tentar se lembrar do maior número possível de detalhes.

Se você deseja interpretar um sonho que teve como um dos protagonistas uma casa, precisa fazer um esforço e se lembrar de alguns detalhes: você estava dentro da casa? Ela estava inteira ou destruída? Quem estava na casa com você? Conheça o significado de sonhar com casa!

Sonhar com casa nova: com este sonho seu subconsciente te prepara para um momento de curas e de renovação na sua vida. É hora de limpar o terreno para o novo ser plantado e para que novidades floresçam lindamente, então não perca tempo se apegando ao que é antigo e, consequentemente, precisa ficar para trás, porque isso é lutar contra o inevitável.

Sonhos: Os seus significados

Sonhar com casa velha: saiba que uma reflexão é mais do que urgente em sua vida, porque você precisa descobrir comportamentos, pensamentos, sentimentos e atitudes que não podem mais fazer parte deste momento da sua vida, por causarem regresso e sofrimento em sua caminhada. É preciso arrancar as ervas daninhas e abrir espaço para que, em breve, o novo seja cultivado.

Sonhar com casa em construção: é um sonho que pede calma. Em breve, boa parte do que você sonha em conquistar e alcançar estará muito próximo de você, mas neste momento é preciso ter paciência e tranquilidade para atingir metas pequenas, antes de crescer os olhos de maneira ambiciosa em relação aos sonhos grandes que, neste momento, parecem inalcançáveis.

Sonhar com casa pequena: Se você sonhou com uma casa pequena, saiba que há um desconforto muito grande atrapalhando a sua caminhada, então você precisa urgentemente parar e refletir para descobrir o que é esse desconforto e o que é necessário fazer para eliminá-lo e seguir adiante de maneira mais leve e aberta a somente bons sentimentos e sensações.

Sonhar com casa grande: o sonho com casa grande tem um sentido bastante literal: há bastante espaço em você e em sua vida, isto é, o ambiente está propício para a geração de novas ideias, para a germinação de novas sementes e para o início de algo novo. É essencial que você absorva esta ideia e esteja focado em explorar este espaço para crescer e se desenvolver sem medo de ser feliz.

Sonhar com Cemitério

O que é sonhar com cemitério? Se este foi o seu sonho, este detalhe muitas vezes é insuficiente para uma interpretação correta, então tente se lembrar de alguns detalhes: era manhã ou noite em seu sonho? Apareceu no cemitério um túmulo ou um caixão? Há muitos assuntos não resolvidos na sua vida, esta é a mensagem que este sonho quer passar. Você precisa resolver o que está causando incômodo, se deseja evoluir, se desenvolver e seguir em frente, então tente fazer com que os encerramentos de ciclo aconteçam de maneira natural e espontânea, sem forçá-los nem impedi-los. Agarrar-se ao passado ou implorar para que algo não termine é antinatural.

Sonhar com cemitério de noite: pode parecer um pesadelo, mas é o contrário. Este sonho significa paz, tranquilidade e o início de uma boa fase de descanso e reflexão. É um bom momento para reavaliar cada aspecto da sua vida em busca daquilo que não funciona mais, para que seja aberto espaço para o novo e para sentimentos, pensamentos e acontecimentos que antes não faziam parte nem das suas ideias mais malucas.

Sonhar com cemitério de dia: apesar de não se parecer muito com um pesadelo, já que o cemitério aparece durante o dia, traz consigo maus presságios, porque anuncia o início de um período de reavaliação e renascimento forçado, ou seja, você vai sentir que não está tendo tempo suficiente para absorver mudanças, lições e aprendizados. A sensação é de que tudo está sendo atropelado. Respire fundo para não pirar.

Sonhar com túmulo no cemitério: se você teve este sonho, uma reflexão é essencial neste momento. Em primeiro lugar, pense sobre como cada coisa, em um momento ou outro, terminará, para o bem ou para o mal. Entender que tudo é finito na vida te ajuda a colocar as coisas em perspectiva e a se preparar para as adversidades da vida, porque tudo pode acontecer a qualquer momento.

Sonhar com caixão no cemitério: é um sonho sobre morte, mas não é um mau presságio, pelo contrário! Este é um sonho que te convida a pensar sobre a morte e sobre a influência que ela teve em sua caminhada. Você já perdeu alguém? Esteve prestes a perder? Esteve você mesmo perto da morte? É preciso "fazer as pazes" com a morte para seguir os processos de maneira mais leve, confortável e agradável, sem tanto peso.

Sonhar com Chave

Quando uma pessoa sonha com chave, geralmente se refere a ter acesso ou controle sobre certas coisas. Isso também pode indicar que foi dada a liberdade de fazer as coisas de sua preferência. No lado negativo, sonhar com chave pode ser símbolo de segredos ou da mentira que você está escondendo. Sonhar com chave pode significar que você tem o poder. Talvez exista um projeto que precisa ser feito e que você tenha sido o responsável para que o projeto proceda sem qualquer problema.

O sonho com chave também pode ser símbolo de medo. Sonhar com chave pode refletir seu medo de perder o controle. Você provavelmente está em uma boa posição agora em seu trabalho e você está com medo de que possa perder o seu status. Além disso, sonhar com chave pode ser símbolo de mudança inesperada. Seu sonho pode estar avisando sobre uma mudança iminente que acontecerá em sua vida. As coisas podem ser desagradáveis de mudar no início.

Inicialmente você pode se sentir perdido e confuso em seus objetivos. No entanto, se você escolher o caminho certo que deve tomar, então essa mudança levará a um resultado frutífero. Na "Bíblia", as chaves se referem a Deus, dando a alguém autoridade ou poder. Portanto sonhar com chave pode significar que você confiou em alguém e deu a ele autoridade ou responsabilidade.

Como alternativa, sonhar com chave também pode simbolizar que você encontrará a solução para algum problema. Uma chave tem o poder de desbloquear. Talvez você tenha um problema que vem comprometendo sua qualidade de vida. Em alguns casos, esse sonho pode ser um sinal de uma jornada que você pode fazer em breve e uma possibilidade de conhecer novas pessoas e crenças.

Encontrar a chave em seu sonho pode indicar que você logo achará a resposta para esses problemas. Sonhar com chave ajuda-nos a interpretar nossa vida com mais precisão e ajuda-nos a identificar oportunidades e planejar. Lembre-se de que nosso subconsciente fornece símbolos que ajudam a desvendar e desbloquear respostas que procuramos, especialmente para aquelas pessoas que estão diligentemente em busca da verdade.

Algumas razões pelas quais você pode sonhar com chave: novos planos; adaptabilidade; influência e riqueza; a direção certa; e novas oportunidades.

Sonhar com chave enferrujada: é um sinal de que você está disposto a se adaptar em diferentes situações. Sonhar com chave enferrujada é símbolo de adaptabilidade. Você nunca deixa de ver o bem em todas as coisas que acontecem em sua vida desperta. Você consegue sorrir mesmo em condições difíceis.

Sonhos: Os seus significados

Sonhar com chave de ouro: simboliza que você terá acesso a todas as coisas materiais que você ansiava. Você terá riqueza e influência em sua vida. Sonhar com chave de ouro simboliza a sua influência, riqueza e status na vida. Em breve você se beneficiará dos luxos da vida.

Sonhar com chave nas mãos: é uma indicação de coisas boas que o esperam no futuro. Sonhar com chave nas mãos é um sinal de que sua decisão de negócios levará a um resultado frutífero. Isso pode não só aumentar sua reputação mas também sua renda pessoal. Você logo atingirá um nível mais alto em sua carreira.

Sonhar com chave quebrada: não é um bom sinal. Sonhar com chave quebrada pode indicar que você está perdendo sua autoridade, poder ou status devido a um erro. Preste atenção às suas decisões ultimamente e analise se isso pode afetar o seu futuro. Se no sonho é você quem quebrou a chave isso é um aviso de que você ainda tem a chance de mudar as coisas.

Sonhar que encontra uma chave: simboliza a direção certa. Sonhar com chave e que você a encontra significa que você está tomando o caminho certo em sua vida acordado. Certifique-se de que não hesitará em fazer perguntas importantes que podem afetar suas decisões.

Sonhar com chave de prata: é um símbolo de novas oportunidades de vida. Pode ser um sinal de novos conhecimentos ou novas habilidades. Sonhar com chave de prata significa que você terá mais poder e controle sobre sua vida.

Sonhar que recebe uma chave: é um sinal de autoridade. Muitas vezes simboliza seu poder ou autoridade em alguma situação.

Você provavelmente é uma pessoa que facilmente lida sozinha com qualquer situação, você consegue liderar qualquer circunstância em sua vida acordado.

Sonhar com Criança

Se você quiser interpretar este sonho da maneira correta, é essencial tentar se lembrar do máximo de detalhes possível, porque faz muita diferença saber quem era essa criança, onde ela estava e o que estava fazendo, especificamente, já que é impossível buscar um significado genérico para sonhar com criança. Veja uma lista de sonhos e entenda o significado de sonhar com criança.

Sonhar com criança recém-nascida: traz consigo um bom presságio, porque indica que é um bom momento em sua vida profissional. Se o bebê recém-nascido apareceu chorando, seu subconsciente está avisando: algumas dificuldades surgirão em sua caminhada profissional, mas se você não esmorecer diante delas e combatê-las de peito aberto, colherá lindos frutos no final deste processo, que pode ser um pouquinho difícil.

Sonhar com criança doente ou morta: não é bom, como você deve ter imaginado. É como um aviso de um período de vacas magras, porque você verá surgir diante de você dificuldades financeiras e problemas em família também, então esteja preparado para lidar com estes problemas da melhor maneira possível, preservando as pessoas que você ama e que são importantes para você, e preservando a sua saúde mental.

Sonhar com uma criança que é sua filha: se o foco do sonho era a informação de que a criança que apareceu nele era sua filha, saiba que um período de grandes alegrias e realizações se aproxima de sua vida, mas você precisa estar preparado para recebê-lo e para desfrutar de tudo de bom que esta fase trará, caso contrário ela passará e você nem sentirá os inúmeros benefícios que ela vai proporcionar em sua caminhada. Esteja atento para curtir e aproveitar!

Sonhar com criança de aspecto feio ou sujo: se a criança que apareceu em seu sonho estava maltrapilha, suja ou com aspecto feio, prepare-se para enfrentar um período de decepções muito fortes. Além das consequências bastante negativas que serão causadas por este sonho, estas dificuldades afetarão o seu íntimo de maneira violenta, colocando em questionamento várias das certezas que você carregava consigo na vida. Não se deixe quebrar, mas talvez seja hora de reconstruir muita coisa.

Sonhar com criança desconhecida: isto é, uma criança que você não conhece na vida real, e ela não estava fazendo nada de mais, saiba que novas ideias ou a solução para um ou mais problemas que te incomodam há muito tempo podem surgir de repente em sua vida. Fique atento porque estas ideias podem vir do seu íntimo, mas também podem ser exteriores. Então ouça as pessoas com atenção e carinho para absorver o que elas têm a dizer e a comunicar.

Sonhar com criança brincando: é um bom presságio, porque indica um momento de bastante sorte em sua caminhada. É sorte mesmo. Uma fase em que quase tudo o que você decidir tocar dará certo, não somente pelo seu esforço e dedicação, mas porque algo aí fora estará contribuindo para que os resultados alcançados sejam bastante positivos. Portanto seja ousado! Coloque para funcionar os sonhos mais íntimos que você tem e os planos que vêm sendo adiados há tanto tempo.

Sonhar que está sendo ajudado por uma criança: tem duas opções possíveis de interpretação. A primeira delas: se você conhece a criança que apareceu neste sonho, algo muito positivo acontecerá em breve na sua vida, ou uma notícia bastante animadora chegará aos seus ouvidos. Se a criança era desconhecida, o significado é outro: seu "eu" do passado está tentando te advertir de algo. Neste caso é importante tentar se lembrar de outros detalhes do sonho, como o cenário e a condição de dificuldade em que você estava sendo ajudado.

Sonhar que está carregando uma criança: anuncia que alguém que é muito importante para você está passando por momentos de fragilidade, depressão e de extremo desespero. É importante estar atento aos sinais que as pessoas que você ama estão dando, porque esta condição de aguda dificuldade enfrentada por esta pessoa pode estar se desenrolando em segredo. Ela pode estar sentindo medo ou vergonha de compartilhar aquilo que lhe aflige.

Sonhar com uma criança aprendendo: seja na escola ou em qualquer ambiente, indica que algo não anda bem em um relacionamento que é muito importante para você. O mais provável é que este relacionamento seja a sua relação amorosa. Independentemente de estar relacionado ou não ao amor, é hora de assumir o controle e buscar formas inteligentes e positivas de repensar esta relação e continuar tocando-a de maneira mais leve e gostosa.

Sonhar com criança sendo adotada: é uma singela mensagem enviada pelo seu subconsciente: você não está sozinho! Há pessoas que se importam verdadeiramente com você e que fariam o possível para te ajudar, seja qual for o problema. Reflita para identificar quem são estas pessoas e compartilhe com elas possíveis angústias que estejam atrapalhando à sua caminhada.

Sonhar com criança mal-educada: se você sonhou com uma criança fazendo algo errado, uma malcriação ou falando palavrões, por exemplo, seu subconsciente quer dizer que chegou o momento de parar de agir por impulso, tornando-se uma pessoa mais racional e preparada para lidar com as dificuldades que se impõem em seu caminho. Este sonho é como um alerta final: se você não parar de agir de maneira impulsiva, alguém que você ama pode acabar sendo machucado.

Sonhar com criança perdida: se você sonhou com uma criança perdida, saiba que seu coração e sua mente estão carregando bem mais peso do que podem carregar, então é um ótimo momento para fazer uma reflexão com o objetivo de eliminar o que está a mais e tudo aquilo que está gerando acúmulo emocional em sua caminhada. Chegou a hora de seguir com mais leveza!

Sonhar com criança chorando: este sonho pode ter sido horrível enquanto você estava imerso na vida onírica, mas ele não tem um significado ruim! Uma criança chorando em seu sonho indica que você vai entrar numa fase em que se sentirá mais puro e mais aliviado, porque o choro se apresenta neste sonho justamente para simbolizar o alívio que sentimos ao chorar quando algo nos incomoda e nos aflige.

Sonhar com o Fim do mundo

O mundo espiritual é capaz de nos revelar imensas curiosidades sobre nós. Uma das maneiras de o fazer é através dos nossos sonhos que podem conter importantes mensagens do nosso passado, do presente e até mesmo do nosso futuro. Um dos exemplos disso é o significado de sonhar com o fim do mundo. Esse sonho em específico está tentando nos transmitir que devemos ter precaução com os nossos medos e receios. Mas não se fica por aí... Existem muitos outros possíveis significados para esse sonho. O mais importante no meio disto tudo é que devemos aproveitar ao máximo os sinais e as mensagens do mundo espiritual. Através delas podemos fazer análises completas que nos irão nos permitir melhorar verdadeiramente a nossa vida.

Cada sonho é um sonho. O significado é sempre diferente, mesmo que o sonho contenha alguns elementos iguais. Para analisar ao máximo o que o sonho lhe quer dizer, precisa analisar os pequenos detalhes. Neste caso é preciso ver se era você que estava vendo o fim do mundo, se havia mortes nesse sonho, se via algum familiar morrendo e todos esses importantes pormenores. Geralmente sonhar com o fim do mundo está ligado ao seu lado mental e emocional. É um sinal de que você está com medo de algo ou de alguém.

Simboliza ainda o aparecimento de medo dentro de você devido aos novos desafios que a vida tem para lhe oferecer. Sempre que o sonho engloba a morte de alguém, significa ainda preocupação perante essa pessoa. Raramente podemos associar este sonho ao aparecimento de pessoas ruins na sua vida, de maus momentos ou até mesmo de momentos de tristeza. É um sonho que funciona como um sinal de aviso de que você está com medo e receio perante algo ou alguém. De qualquer maneira, é sempre importante analisar ao máximo o seu significado. Apenas após essa analise podemos avançar para verificar o que ele realmente significa.

Sonhar que vê o mundo sendo destruído pela guerra: um dos relatos mais comuns que presenciamos são os sonhos com o fim do mundo através de uma guerra sangrenta e muito violenta. Este sonho é bastante comum e torna-se assim bem mais fácil conseguir saber o seu verdadeiro significado. Ele está tentando transmitir para você o medo e a insegurança que sente. Esse medo e essa insegurança podem estar relacionados com qualquer coisa na sua vida. Normalmente está ligado ao medo de perder o trabalho, ao medo que alguma relação não dê certo ou ao receio de falhar perante alguma obrigação da vida. Tente aproveitar este significado para analisar aquilo que lhe faz medo e para enfrentar isso. Enfrente os seus medos, lute, nunca desista e o sonho acabará por desaparecer.

Sonhar com o fim do mundo devido aos extraterrestres: você pode até achar piada alguém sonhar isto, mas acredite que é bem mais comum do que se imagina! Muitas pessoas têm mesmo medo de acabarem mortas por extraterrestres. Afinal, nunca ninguém os viu e prevê-se que sejam das mais variadas formas, tamanhos e que tenham personalidades muito diferentes das nossas. Sendo assim, nunca se sabe o que esperar. Este sonho simboliza também medos. Neste caso revela medos relacionados com o desconhecido, com as coisas novas e com as surpresas. Você tem medo do que a vida lhe reserva, dos desafios que estão para aparecer e dos problemas que pode vir a ter. Na verdade, é normal ter medo do desconhecido, faz parte do instinto humano. Portanto, não há com o que se preocupar!

Sonhar que vê algum ente querido falecendo no fim do mundo: existem vários sonhos em que vemos familiares sofrendo e até mesmo falecendo. São duros, definitivamente. Após a gente os ter, ficamos realmente preocupados que isso possa vir a acontecer na vida real. Felizmente você não precisa se preocupar, pois esse não é o significado deste sonho. Na verdade, sonhar que vê algum familiar ou ente querido falecendo, seja no fim do mundo ou não, está na sua maioria das vezes relacionado à preocupação que você tem com essa pessoa. Muitas pessoas procuram o significado místico deste sonho, mas ele é bem mais simples que isso! Você simplesmente se preocupa com essa pessoa e não quer que ela sofra. Pretende que ela tenha uma vida longa e feliz, e não suporta ver o sofrimento na cara desse ente querido. O sonho aparece para demonstrar a sua verdadeira preocupação para com ela.

O fim do mundo estava regredindo: neste sonho as pessoas veem o fim do mundo desaparecendo. Basicamente ele está regredindo, não está acontecendo mais e está praticamente acabando. Sendo assim, o mundo fica a salvo durante o sonho e tudo acaba da melhor maneira. Este é um excelente sonho de se ter e tem um bom significado. Simboliza esperança, vida, paz e bons momentos. De uma forma muito geral, simboliza que você tem muita esperança para com a vida. Simboliza a aproximação de uma vida serena, com muita paz, bons momentos e com muita felicidade. Para além disso, está ainda relacionado com o desaparecimento dos problemas da vida, das adversidades e ainda de alguns inimigos.

Sonhar com a própria morte

Sonhar com a própria morte pode ser indício de que algo precisa ser urgentemente modificado em sua vida. Alguma coisa importante em você precisa ser libertada e é tão séria que a sua mente entende como se fosse a sua própria morte, ou quem sabe, a morte do personagem que você mesmo criou para lidar com a vida, mas que já não te serve mais.

Por outro lado, se acaso acordar como se o sonho fosse algo muito real, ainda sentindo medo ou preocupação, pode ser sinal de que está prestes a passar por alguma situação onde fatalmente terá que se desvencilhar de velhos padrões e de questões importantes. Neste caso específico, será exatamente o oposto de morrer, ou seja, será a cura de uma situação com a possibilidade de passar por um renascimento em sua vida.

Sonhos: Os seus significados

Os mais sensíveis podem ter a mensagem da morte de alguém, já as pessoas mais idosas ou mesmo as muito adoecidas podem através de sonhos dessa ordem, estar se preparando para a própria morte. Existem muitos relatos sobre sonhar com seu próprio enterro, o que também denotaria necessidade de atenção. Devemos estar cientes de que tudo o que aparece em nossos sonhos somos nós mesmos quem criamos, então no caso do sonho com o próprio enterro, podemos pensar que temos vários aspectos que não estamos dando a devida atenção.

Pesquise e observe de verdade o que lhe traz medo a ponto de você sonhar com a sua própria morte. Lembre-se: A morte como simbolismo também significa transcendência e não obrigatoriamente finitude. A solução dos seus conflitos está dentro de você e no caso de sonhar com a própria morte, o pedido é para que se use toda a energia de vida para fora. Freud relacionava o instinto de morte com a energia investida para dentro de nós. Nossas potencialidades não experimentadas.

Se pensarmos em algo mais transcendente, também pode ser o acesso a algum recado simbólico que as nossas mentes quânticas, que tudo sabem e que são atemporais, nos dão. Pode ser um aviso de que uma grande transformação está prestes a ocorrer em sua vida: Mudança de emprego? Separação? Algum novo encontro inaugurará uma nova vida enterrando de vez a sua vida anterior? Ao ler estas possibilidades, se acaso passar por algum sonho dessa ordem, sugiro que pare por alguns instantes e que escute a sua voz interior. Veja o recado que ela lhe oferece. Atente- se, pois algo novo vem na sua vida ou você precisa fazer alguma alteração em suas atitudes.

Sonhar com a própria morte: sempre é indício de mudança. No geral é um sinal de vida para quem almeja estar plenamente vivo. Esse tipo de sonho nos dá o recado de que a vida jamais pode se manter paralisada e que você está totalmente vivo e o melhor, em movimento. Abra espaço para mais esta transformação em sua vida e aprecie a viagem. A aventura das nossas experiências terrenas faz o colorido da nossa existência. Aproveite o seu melhor agora, com a consciência de que algo vai acontecer ou que você vai transformar.

Sonhar com Rato

Se você quer uma interpretação certeira, não generalista, desse sonho, é preciso fazer um esforço para se lembrar dos detalhes dele, porque eles são essenciais para uma interpretação adequada. De qual cor era o rato: preto, cinza ou branco? Ele estava interagindo com você? Estava comendo? Estava morto? Lembre-se destes detalhes e entenda qual o significado de sonhar com rato.

Sonhar com rato cinza: é um sonho um tanto quanto negativo, porque indica o acontecimento de pequenos abalos e problemas bobos e desnecessários em relacionamentos que são muito importantes para você. Então é um bom momento para analisar as suas relações e destacar os pontos positivos de cada uma delas, para que, quando esses problemas menores acontecerem, você esteja emocionalmente preparado para deixar as besteirinhas de lado e não negligenciar alguém que é muito importante para você.

Sonhar com rato branco: normalmente, no mundo dos sonhos, a cor branca está relacionada à paz e pureza, mas não se engane: o que é branco, nesse caso, é um rato, uma criatura transmissora de doenças e que encontra sobretudo no lixo seu alimento. Este sonho, portanto, indica que há pessoas mal-intencionadas espreitando seus movimentos e à espera de um vacilo para rir ou te prejudicar ainda mais. É importante ressaltar que essas pessoas com planos negativos para você provavelmente são próximas e se travestem de bons samaritanos, por isso o rato é representado aqui pela cor branca, ou seja, apesar de tentar simbolizar paz, é alguém que deseja o seu mal.

Sonhar com rato preto: é um péssimo agouro. Também conhecido como gabiru, o rato preto, quando aparece em um sonho, tem significado semelhante à aparição do rato cinza na vida onírica, mas de maneira mais aprofundada. Pequenos problemas e entreveros desnecessários podem surgir em relações muito importantes, e qualquer pequeno descuido pode intensificar essas desordens, então é importantíssimo estar ligado para impedir que esses mínimos descuidos se transformem em situações desconfortáveis reais.

Sonhar com rato no lixo: apesar de ser aparentemente bastante negativo, por apresentar um rato e, ainda por cima, lixo, este sonho é surpreendentemente positivo. É uma aparição onírica que vem com um aviso de que é necessário ressignificar o que aconteceu de negativo nos últimos tempos, assim como o rato transforma em alimento aquilo que já não serve mais para o ser humano. Se você tratar suas decepções e frustrações como lixo, em vez de tentar extrair delas um alimento que possibilitará seu crescimento, muito em breve uma pilha enorme de lixo se acumulará, impedindo ou prejudicando o seu avanço.

Sonhar com rato mordendo: o significado deste sonho depende de quem foi mordido pelo rato no sonho. Se você foi a pessoa mordida pelo rato, é preciso prestar atenção nas relações que você cultiva e nas pessoas que seleciona para estarem por perto, porque, sem intenção, pode ser que uma delas acabe te prejudicando. Talvez seja um bom momento para estar mais sozinho, na sua, lidando de maneira mais intimista com os seus problemas e sentimentos. Se outra pessoa era mordida pelo rato, você é quem provavelmente está prejudicando a caminhada de alguém importante para você, mas não é necessário se sentir culpado, porque isso está acontecendo de maneira não intencional. Mas vale uma avaliação para entender isso direitinho e não atrasar o lado de ninguém, assim como você não quer que ninguém atrase o seu lado.

Sonhar com rato morto: se o rato já apareceu morto em seu sonho, problemas de saúde podem estar à vista, seja na sua vida ou na vida de um familiar próximo. É importante ressaltar que interpretação de sonhos não é clarividência, não tem a intenção de prever o futuro. Como explicado na introdução, é o modo como o nosso subconsciente nos envia mensagens baseadas em acontecimentos que presenciamos, mas para os quais não demos a devida importância. Alguém anda tossindo, reclamando de dores nas costas, de fadiga? Pois é... Talvez seja necessário dar mais atenção aos pequenos sintomas.

Sonhar com rato correndo: é um sonho que também simboliza traição de pessoas que fazem parte da sua vida e das suas relações mais próximas. Assim como o rato que apareceu no seu sonho, essas pessoas "correm" e "fogem" de você quando a máscara ameaça cair, então é muito importante prestar atenção no comportamento daqueles que convivem com você, com o objetivo de identificar pessoas que agem de maneira desonesta, mas se escondem atrás de fantasias de boas pessoas.

Sonhar com ratazana: se você sonhou com uma ratazana, aquele rato maior e mais gordinho, fique atento a possíveis traições e infidelidades de pessoas em quem você confia, mas que não se importarão em passar a perna em você e te prejudicar. Essas pessoas podem te considerar alguém inocente e, portanto, presa fácil para suas garras desonestas e prontas para o ataque. Não se deixe ser passado para trás e corte relações com quem age de maneira injusta e infiel.

Sonhar com muitos ratos: uma pessoa está tentando te prejudicar já há algum tempo, então podemos considerá-la seu desafeto, alguém que quer ver o seu mal. A aparição de vários ratos na vida onírica indica que essa pessoa vai causar muita confusão e situações de indecisão na sua vida. Antes de mais nada, identifique essa pessoa e tente entender qual é o motivo da inimizade, porque você pode ter feito algo desagradável para ela, então está pagando pelo que fez no passado. O diálogo sempre é a melhor maneira de resolver as coisas.

Sonhar com fezes de rato: por mais estranho que possa parecer, o mais nojento dos sonhos com ratos é símbolo justamente de algo bastante positivo. Um tempo de prosperidade, sorte e ganhos na vida financeira se aproxima da sua caminhada, então esteja preparado, de braços abertos para recebê-lo e aproveitar tudo de bom que ele tem a oferecer. Boas oportunidades muitas vezes não aparecem duas vezes, então desfrute antes que seja tarde demais.

Sonhar que matou um rato: ao contrário do sonho em que o rato já aparece morto, que tem significado negativo, este é um sonho com significado relativamente positivo, porque é uma mensagem de seu subconsciente que avisa: você tem a força, a capacidade e a determinação para resolver todos os problemas e situações difíceis que vêm se impondo em sua caminhada, então apenas confie em si mesmo e siga em frente de cabeça erguida, porque tudo será resolvido da melhor maneira possível e proveitosa para a sua caminhada.

Sonhar com ratoeira: há duas possíveis interpretações para este sonho. Se você encontrou um rato morto na ratoeira, é bem provável que você caia numa armadilha muito em breve, seja uma armadilha da própria vida ou deliberadamente colocada por alguém em seu caminho. Se, por outro lado, você é quem estava armando a ratoeira, o sonho é um sinal de que você está colocando armadilhas em volta de si, mas no bom sentido, porque quer "capturar" todas as boas oportunidades que estão surgindo no seu entorno, então continue assim, aberto para as coisas boas da vida.

Ninho de ratos sobre uma cama de serragem: assim como o sonho com muitos ratos, é um sonho que anuncia confusão e momentos de indecisão causados por uma pessoa que não gosta de você. Mas como o foco do sonho é o ninho, é um indicativo de que será muito fácil lidar com essa situação e até mesmo evitá-la, se você se dispuser a conversar com essa pessoa para resolver a situação, com o objetivo de ambos seguirem a vida de maneira muito mais leve, sem essa inimizade atrapalhando.

Sonhar com Leão

O que significa sonhar com leão? Provavelmente a fera mais imponente do reino animal, o leão é uma figura que naturalmente nos remete à força, coragem e distinção, mas será que o significado de um sonho com leão é simples assim? Será que sonhar que um leão te ataca significa o óbvio, que algum problema te surpreenderá em breve? Confira abaixo uma lista e entenda o significado de sonhar com leão.

Sonhar que observa um leão de longe: há dois possíveis significados para um sonho em que um leão aparece sem fazer nada de mais ou apenas como um detalhe, não como foco do sonho, mas fique calmo, porque ambos os significados deste sonho são positivos. O primeiro significado indica que muito em breve haverá sorte no amor. Se você está sozinho, uma pessoa bastante interessante pode aparecer em sua vida. Se está casado ou em um relacionamento, pode ser uma boa fase para pensar e fazer planos a dois, então dê atenção à pessoa que você ama. O segundo significado indica que esta sorte pode não estar relacionada ao amor, mas à vida financeira. Uma oportunidade de emprego, de investimento ou um ganho inesperado pode estar à sua espera logo em frente, mas é importante não fazer planos para o dinheiro ainda, para não sabotar a ordem natural das coisas.

Sonhar que vê uma família de leões: o significado deste sonho é bastante simples e direto: bons momentos com a família estão no horizonte. Se você já tiver sua família (marido/esposa e filhos), é um bom momento para planejar viagens e planos que envolvam todos vocês. Se você não tem sua própria família, aproveita esta fase para se aproximar dos seus pais, irmãos, tios, primos, avós e outros parentes, porque é um momento bem legal para estreitar laços, ouvir e compartilhar histórias e apenas passar o tempo ao lado dessas pessoas que são tão importantes para você.

Sonhar que enfrenta ou tenta domar um leão: Se você se viu em conflito com um leão em seu sonho, estivesse você o atacando, travando combate com ele ou tentando domá-lo, preste mais atenção ao resultado deste embate. Caso você tenha sido bem-sucedido, um momento de vitórias e de contato com novas pessoas, que podem se tornar importantes em sua rotina, está muito próximo. Além disso, esse sonho, em geral, demonstra que você precisa de mais força e coragem para enfrentar os problemas que vêm tirando você do sério nas últimas semanas, sejam eles pequenos ou grandes.

Sonhar que interage ou vê um leão manso: sonhar com leão, tenha você interagido com ele ou apenas o observado, é um bom sinal, porque prevê a aproximação de um amigo sincero, leal e honesto, que pode representar realmente um tesouro, uma pessoa nova. É como se você redescobrisse essa pessoa e passasse a valorizá-la ainda mais. Este sonho também pode representar a reaproximação de um amigo ou de uma pessoa querida que estava distante, intencionalmente ou não, mas que agora deseja estar mais perto e compartilhar mais momentos.

Sonhar que vê um leão solto na natureza: este é um sonho que geralmente acontece quando as coisas já estão relativamente favoráveis em sua vida. É um bom presságio, já que indica que este bom momento deve continuar, basta que você faça o suficiente para isso e se dedique bastante para aproveitar as oportunidades que esta fase tem colocado em seu caminho. Faça uma reflexão sobre as últimas portas que se abriram e sobre como você lidou com elas. Em seguida, sem arrependimentos, planeje o que fazer caso estas situações se repitam ainda uma vez, porque neste momento dois raios podem sim, cair num mesmo lugar.

Sonhar que interage ou vê um leão enjaulado: outro sonho relacionado ao rei das selvas que indica um bom presságio. Este sonho representa a vinda de uma vitória sobre os seus inimigos ou sobre desafios/problemas que vinham incomodando há algum tempo, mas que você já vinha trabalhando para combatê-los. Além disso, pode indicar um momento bastante interessante para investir o seu dinheiro, sobretudo se você está pensando em abrir um negócio.

Sonhar que vê um leão rugindo: já este sonho, em que o foco seja o rugido do leão ou que o felino tenha aparecido rugindo mais de uma vez, é um grande alerta: esteja atento a pessoas falsas, desleais, invejosas e orgulhosas, porque elas podem ser influentes no seu meio, no seu dia a dia e no seu cotidiano, então podem causar danos à sua imagem ou diretamente a você. Reflita sobre as pessoas que estão em volta e pense se elas de fato querem o seu bem, se querer te ver sorrindo.

Sonhar que vê um leão atacando: sonhar com leão atacando, independentemente de a presa ser você ou outra pessoa/animal, esteja atento, porque os problemas não darão trégua e tentarão te intimidar de todas as formas, mas o leão, neste sonho, não representa os problemas, pelo contrário! O leão é um alter ego seu, pois demonstra que é possível destruir e dilacerar cada um destes desafios.

Sonhar com Tigre

Sonhos com animais são muito comuns, mas cada um tem um significado diferente segundo a psicologia, porque nosso subconsciente seleciona minuciosamente as figuras que aparecerão em nossa vida onírica, já que cada uma tem seu significado especial. Se você deseja saber o que significa sonhar com um animal específico, como um tigre, lembre-se dos detalhes deste sonho e vamos nessa!

O que significa sonhar com tigre? Para encontrar o significado exato deste sonho, os detalhes são muito importantes, então tente se lembrar deles: você estava caçando o tigre? Estava sendo perseguido por ele? Ele estava perseguindo alguém ou estava deitado tranquilamente? Conheça o significado de sonhar com tigre.

Sonhar que está sendo atacado por um tigre: se um tigre apareceu em seu sonho para te atacar, saiba que uma luta por território acontecerá em sua vida. Seu subconsciente enviou este sonho para recomendar que você se prepare para esta batalha, porque provavelmente será difícil manter a cabeça fria e equilíbrio estável. Se esta luta por território acontecer em sua vida profissional, tenha cuidado para não ser ambicioso demais e acabar prejudicando alguém ou até mesmo prejudicando a sua própria caminhada, que vêm acontecendo de forma natural.

Sonhar que consegue fugir do ataque de um tigre: se um tigre tentou te atacar em seu sonho, mas você conseguiu fugir, este é uma mensagem bastante clara: você dará a volta por cima em quem está tentando te atacar e te derrubar. Lembrando que isso pode ser um problema ou uma dificuldade, não uma pessoa. Por isso é tão importante dedicar bons momentos de reflexão para chegar à uma conclusão sobre o que é que ou quem está tentando te derrubar e por que isso está acontecendo. Não se culpe pela maldade alheia ou por situações naturais da vida. Errar é humano.

Sonhar com tigre atacando outra pessoa: se o alvo do ataque do tigre que apareceu em seu sonho era outra pessoa, um período difícil e desafiador se anuncia. Haverá uma luta por território e você pode ser uma das pessoas que está atacando, então repense sua atitude, porque prejudicar alguém por uma disputa boba é algo que vai acabar atrapalhando mais a sua caminhada do que a caminhada dela, então procure entender o que está causando desconforto em sua vida, a ponto de te fazer "descontar" esse desconforto na vida alheia.

Sonhar com tigre descansando: se um tigre apareceu descansando em seu sonho, bastante manso e tranquilo, você está passando por uma fase de acomodação e de zona de conforto. É bom aproveitar um descanso do processo de evolução que é constante em nossas vidas, mas esteja preparado, porque os problemas podem acontecer repentina e violentamente, arrancando você deste período de contemplação e relaxamento.

Sonhar com tigre vagando solto: se você sonhou com um tigre andando solto por aí, sem fazer nada de mais, saiba que um perigo está à espreita. Esse perigo provavelmente está diretamente relacionado às suas atitudes e à sua postura; isto é, o perigo pode ser você mesmo e como você está vivendo sua vida. A liberdade do tigre neste sonho é a mesma liberdade que você tem dado aos seus desejos e aos seus impulsos, o que é ótimo, porque liberdade é muito bom, mas apesar de tudo ser possível, nem tudo convém, então fique atento a possíveis deslizes.

Sonhar com tigre sendo acariciado: fazer carinho em um tigre é uma coisa muito perigosa, certo? Se o tigre não reagir ao carinho, você provavelmente teve sorte de ele ter ido com a sua cara. O sonho, portanto significa justamente isso: um período de sorte de acontecimentos externos positivos se aproxima de sua vida, então aproveite esta fase para colocar em curso alguns projetos e planos que podem se beneficiar desta fase tão positiva para tudo aquilo em que você se dispuser a trabalhar.

Sonhar com tigre preso em uma jaula: este sonho, apesar de ser cruel com o animal, é um bom sinal, porque mostra que pessoas ou situações que desejam te derrubar não serão bem-sucedidas, apesar das mais absurdas tentativas de atrapalhar o seu caminho. Portanto fique tranquilo e vivo dia após dia, porque você está seguro e livre para fazer o que deseja, mas precisa estar atento a quem deseja te derrubar, mesmo que sem motivos aparentes.

Sonhar com Macaco

Sonhar com macaco é muito comum, porque uma hora ou outro todo mundo vai sonhar com um animalzinho na vida. Mas nem todo animal tem o mesmo significado na vida onírica. Segundo os principais estudos sobre Psicologia, Psicanálise e espiritualidade, os sonhos são mensagens cifradas enviadas pelo nosso subconsciente, isto é, a parte da nossa mente que processa tudo, mas que não é um fluxo de pensamento direto, ao qual podemos ter acesso numa simples reflexão. O subconsciente se manifesta de maneiras misteriosas, como por meio de sonhos e daquilo que chamamos de intuição.

O macaco é um símbolo de animal inteligente, ativo e brincalhão. Na mitologia egípcia, por exemplo, os macacos eram associados ao deus Toth, que era o patrono da escrita e do conhecimento. No Japão, os macacos são conhecidos como símbolos de proteção, por afastarem espíritos ruins. Ou seja, o macaco tem, em grande medida, bons significados e simbologias. O modo como ele aparece num sonho, porém, determina as especificidades desse sonho. A cor do macaco muda o significado do sonho, a quantidade de macacos também, bem como o que ele fez durante o sonho: estava mordendo alguém? Estava comendo alguma coisa? Estava bravo? Estava morto? Entenda agora os significados dos principais sonhos com macaco.

Sonhar com macaco preto: essa é a cor mais comum de um macaco na vida onírica. Caso ele não tenha aparecido morto, machucado, doente, faminto ou agredido, esse é um ótimo sinal, porque, por estar vivo, com saúde e em seu habitat natural, é um grande sinal de boa sorte e de que nós também nos sentiremos assim como esse macaco: feliz, saudável e ao redor das coisas que compõem o nosso habitat. Aproveite o momento para colocar em movimento os sonhos que estava na gaveta ou aquelas pendências adiadas "ad infinitum".

Sonhar com macaco branco: esse sonho é ainda melhor do que aquele com macaco preto! O sonho com macaco branco simboliza pureza, purificação e restauração daquilo que é mais íntimo a nós e à nossa essência. Esse sonho tem esse significado se você sente que a sua vida e a sua caminhada estão alinhadas com os seus propósitos e como aquilo que move você de maneira mais sincera. Se você, porém, sente que há uma desarmonia entre os seus desejos, os seus sonhos e o modo como você tem vivido, esse sonho não tem conotação negativa, mas surge como um alerta de que você não tem vivido como gostaria de viver.

Sonhar com vários macacos: há aspectos muito importantes para o seu desenvolvimento que você não percebia antes, mas que agora passou a notar, e isso vai ajudar bastante o seu processo de crescimento pessoal e de autoconhecimento. Pode ser que você perceba que perdeu imensas oportunidades por não ter percebido tudo isso antes, mas é preciso saber que estamos sempre fazendo o melhor que podemos com o conhecimento de que dispomos no momento que estamos vivendo, então não se julgue por causa de deslizes ou de oportunidades perdidas no passado.

Sonhar com mordida de macaco: sonhar com um macaco mordendo você ou qualquer outro ser humano é um indicativo de que o seu subconsciente entende que o seu ego está atrapalhando demais a sua vida. Todos temos ego, e ele é importante para que entendamos quem somos e o nosso lugar no mundo, mas quando o seu ego cresce a ponto de determinar os seus caminhos e de te fazer crescer em arrogância, isso precisa ser urgentemente revisto, porque ninguém é melhor do que ninguém nessa vida.

Sonhar com macaco comendo: se o macaco apareceu comendo em seu sonho, o significado disso é que você anda alimentando coisas, pessoas e sentimentos em sua vida, então vale a reflexão: será que isso que você está alimentando merece ser alimentado? Será que as pessoas que você tem por perto realmente querem o seu bem? Será que você está dando voz a sentimentos positivos, que te fazem crescer, ou está alimentando somente o que é ruim e negativo para a sua caminhada? Entender qual "macaco" alimentado te fará corrigir o curso da sua vida, caso esteja indo numa direção ruim, ou ter mais certeza de que está no caminho certo.

Sonhar com macaco gritando: sonhar com um macaco feliz e gritando de alegria é um ótimo sinal, porque indica que novas paixões surgirão na sua vida. Se você estiver solteiro, é provável que essas paixões se refiram a uma pessoa mesmo, a novas e apaixonantes pessoas entrando e permanecendo na sua vida. Mas se você já está em um relacionamento e está feliz nele, não precisa se preocupar, porque é improvável que surja uma pessoa para atrapalhar essa relação, então as novas paixões podem estar relacionadas à sua vida profissional, aos estudos e ao desenvolvimento de novos projetos, por exemplo. Se o macaco estava gritando de raiva, porém, confira o tópico a seguir.

Sonhar com macaco bravo: se você sonhou com um macaco irritado ou agressivo, prepare-se para um tempo bastante turbulento nas relações pessoais. Esse sonho não indica propriamente términos ou rompimentos, mas representa discordâncias e possíveis discussões negativas nas suas relações afetivas, de amizade ou familiares, então use esse sonho para se preparar para isso e para treinar a sua capacidade de resolver os problemas no diálogo, evitando que pequenas conversas ou discussões se transformem em bolas de neve que vão minar a boa relação que você tem com as pessoas que ama.

Sonhar com filhote de macaco: o fato de o macaco ter aparecido como filhote demonstra que há uma grande imaturidade na sua vida ou até mesmo uma falsa sensação de maturidade. Talvez você ache que já alcançou um nível de maturidade para tomar boas decisões envolvendo um assunto específico, mas está enganado, porque vai tomar justamente o oposto de boas decisões. Aproveite o sonho para repensar a sua maturidade e o modo como você lida com decisões que terão consequências diretas sobre a sua vida.

Sonhar com macaco grande: o macaco grande, por sua vez, não está relacionado ao seu nível de maturidade, ao contrário do macaco pequeno. Um macaco grande simboliza um período de reconciliações e de perdão na sua vida, tanto de você concedendo o seu perdão a alguém que lhe faz mal no passado, quanto de pessoas que você machucou e/ou prejudicou. Indica que você está virando a página e deixando para trás uma mágoa que só faz o coração pesar. Aproveite, portanto, essa fase para desculpar quem o ofendeu e para pedir perdão também, porque muitas relações podem ser retomadas a partir de um bom e frutífero diálogo.

Sonhar com macaco morto: sonhar com um macaco preso, enjaulado ou doente nunca é um bom agouro. Esse sonho é uma representação direta de como o seu subconsciente considera que você esteja vivendo a sua vida. Se o macaco aparece enjaulado e preso, portanto, significa que é assim que você tem se sentido na sua vida. Se o macaco aparece morto, seu subconsciente indica que você está inerte e estagnado na vida, então precisa urgentemente se mexer, se não quiser acabar como o macaco que apareceu no sonho.

Sonhar com Formiga

Sonhos são muito misteriosos, porque são manifestações do nosso subconsciente, que se aproveita dos nossos momentos de descanso para enviar algumas mensagens, previsões e alertas sobre o que anda acontecendo em nossas vidas ou sobre o que vai acontecer em breve. Se você sonhou com formiga, tente se lembrar dos detalhes deste sonho para fazer uma análise correta dele.

O que significa sonhar com formiga? Conhecida por ser esforçada e trabalhadora, a formiga pode representar uma série de coisas, dependendo do lugar onde ela estava e do que estava fazendo. A formiga estava comendo ou trabalhando? Estava andando por aí de maneira solitário ou com um bando grande formado por outras formigas? Pense nestas especificidades do seu sonho, reflita sobre o que significa sonhar com formigas e informe-se lendo abaixo o significado de sonhar com formiga.

Sonhar com formiga picando: talvez soe absurdo, já que sonhar com uma formiga picando pode ser bastante desagradável e até desesperador, mas este sonho indica boas notícias na vida profissional. Talvez uma promoção ou um aumento salarial esteja a caminho. Neste momento de "pré-crescimento" é preciso estar bastante atento e desconfiado das pessoas, porque muitas daquelas que você desconsidera podem estar tramando alguma coisa contra você.

Sonhar que está matando formigas: é possível se afastar de tudo e de todos que fazem mal para você. Esse é o significado básico de sonhar que está matando uma ou mais formigas. Numa análise um pouco mais detalhada, é possível até mesmo que esse momento indique que você está preparado para conquistar algumas vitórias pelas quais já está batalhando há algum tempo, então continue na luta e saiba que em breve ela acabará e o troféu de campeão será seu.

Sonhar com formigas andando: sonhar que está observando formigas andando para lá e para cá é um grande indício de que é preciso repensar o modo como você se propõe a viver. Talvez você esteja se sentindo e de fato esteja sozinho. Lembre-se de uma coisa: é mais do que essencial manter relações afetivas, familiares e de amizade, pois estas pessoas dão força e motivação para que você vá à luta para conquistar seus objetivos. Valorize aqueles que correm ao seu lado e lembre-se de que ninguém chega ao pódio sozinho.

Sonhar com formigas trabalhando: sonhar com formigas trabalhando diz respeito justamente à sua vida profissional. Este sonho indica que você está praticamente pronto para topar qualquer parada e desafio que apareça em seu caminho. As portas do mundo estão abertas para que você vá atrás daquilo que acredita que fará bem para você.

Sonhar com formigas pelo corpo: sonhar que o seu corpo ou alguma parte dele está cheio de formigas é um indício de que é preciso pensar e tomar cuidado com as barreiras e os limites que você impõe a si mesmo e aos seus sonhos. Reflita sobre suas atitudes, repense os desafios e levante a cabeça para conquistar tudo aquilo que está destinado a você e que está ao alcance de uma mão.

Sonhar com formigas pela casa: sonhar que há um monte de formigas infestando sua casa indica que haverá mudanças em breve, sobretudo no ambiente familiar, por isso é preciso, mais do que nunca, estar atento para não tomar decisões ruins em casa, se quiser evitar consequências no futuro. Pense bem em cada uma das suas atitudes e tome-as com consciência de que outras atitudes e consequências serão derivadas dela.

Sonhar com um monte de formigas: se você sonhou com um grupo grande de formigas que não estavam fazendo nada de mais, apenas vagando para lá e para cá, saiba que você acaba de receber um ótimo presságio! Realização de objetivos antigos, prosperidade e crescimento são algumas das coisas que em breve devem abundar na sua vida, então será possível conquistar mais, dar ainda mais asas aos sonhos e planejar voos cada vez mais altos. Aproveite o momento para desengavetar ideias!

Sonhar com formiga vermelha/preta: se um dos focos do sonho era a cor da(s) formiga(s), essa informação é importante para que seja possível entender do que tratou essa digressão na vida onírica. Se a formiga era preta, será preciso treinar sua determinação, sua força e sua coragem, porque problemas podem surgir no seu caminho, então será preciso contorná-los; a boa notícia é que haverá crescimento após superar tudo isso. Se a formiga do sonho era vermelha, é um momento de reflexão. Pense sobre sua vida, sobre seus erros e sobre suas escolhas, mas pense principalmente nas escolhas erradas que você fez e que ainda hoje afetam a sua vida.

Sonhar com formiga grande: se apenas uma ou um pequeno grupo de formigas grandes apareceu em seu sonho, saiba que você está se deixando levar pelo medo e pelo receio de evoluir, de crescer, de se desenvolver e de alçar voos cada vez mais altos. Procure enfrentar a ideia que você não vai conseguir, porque muitas vezes esta ideia está completamente enganada, já que quando colocamos o plano em prática percebemos que era mais do que possível conquistar o objetivo desejado.

Sonhar com formiga na comida: se você sonhou que havia formiga na comida, fosse essa comida sua ou de outra pessoa no sonho, saiba que é preciso dar atenção e cuidar da sua saúde com mais atenção, intensificando a cautela. Nada grave deve acontecer, mas é preciso repensar hábitos que não promovam bem-estar e uma vida equilibrada e saudável, porque o futuro cobrará esse preço, caso decisões inteligentes não sejam tomadas nesta época.

Sonhar com Galinha

A vida é um eterno ciclo de acontecimentos positivos, negativos, que nos fazem refletir, que nos decepcionam ou nos motivam a ir além. Durante o dia a dia, nosso subconsciente processa cada um destes acontecimentos, e muitas vezes, usa os sonhos para passar algumas mensagens, alertas e comunicados sobre situações pelas quais estamos passando ou que podem se materializar no futuro.

Os sonhos não acontecem por acontecer, é preciso prestar atenção a eles, memorizar o máximo possível de detalhes e depois tentar interpretá-los, porque muitos carregam consigo significados que podem mudar nossas vidas. Várias galinhas nas cores amarelas, pretas e brancas nos terreiros. Elas estão sendo alimentadas por duas meninas. Elas usam trança nos cabelos. Uma veste um vestido jeans e a outra um macacão e uma bota rosa de plástico.

O que significa sonhar com galinhas? A interpretação dos sonhos não é uma ciência exata, porque frequentemente não lembramos todos os detalhes de um sonho e tantos elementos aparecem que fica difícil saber exatamente o que interpretar. Se um dos ou o principal foco do seu sonho foi uma ou mais galinhas, é preciso tentar lembrar o que o animal estava fazendo no sonho: estava botando ovos, fugindo, descansando? Tinha uma cor chamativa?

Cada ação que a galinha realizava no sonho pode ter uma explicação diferente, então tente lembrar desses detalhes e interprete o seu sonho!

Sonhar com galinha pondo ovos: se você sonhou com uma galinha pondo ovos, pode comemorar, porque esse sonho reflete o seu desejo por prosperar, e não apenas financeiramente. Este sonho vem, portanto ao encontro deste seu desejo, e simboliza um bom presságio: a vinda de prosperidade e de possíveis lucros e ganhos muito em breve.

Se os ovos eram de cor clara, será uma prosperidade longa e bastante feliz, quase sem custos. Se os ovos do sonho eram escuros, esteja preparado para enfrentar algumas dificuldades antes de encontrar essa prosperidade, mas saiba que no fim vai ficar tudo bem, pois esta prosperidade virá.

Sonhar com galinha rodeada de ovos: e sonho também simboliza a vinda de uma fase de prosperidade, mas há uma diferença aqui: a prosperidade virá em uma relação que é muito importante para você, seja no casamento, com filhos, parentes, amigos, sócios ou em projetos em grupo nos quais você esteja envolvido. Após ter este sonho, portanto é um bom momento para se aproximar das pessoas que podem representar a vinda dessa prosperidade, para entender de que forma ela pode vir e como será possível aproveitá-la ao lado das pessoas que são importantes para você.

Sonhar com um galo interagindo com a galinha: se havia um galo em meio às galinhas ou interagindo com uma galinha única que apareceu em seu sonho, pode comemorar: boas notícias no amor vêm aí! Se estiver sozinho, é um bom momento para conhecer uma pessoa que vem para fazer o bem e mudar a sua vida e os seus planos para melhor. Se for casado ou já estiver em um relacionamento, este sonho simboliza o início de uma fase de felicidade, paz e bastante diálogo entre o casal. Não há data de validade para este momento, que pode durar bastante ou apenas uma fração de segundo, porque é o seu comportamento que vai ditar como as coisas vão se suceder.

Sonhar com galinha preta/branca: esta análise deve ser levada em consideração apenas se a cor da galinha era o foco ou um dos focos do sonho, como você ter reparado especificamente na cor dela ou ter conversado com alguém sobre a cor do animal. Caso a galinha que apareceu em seu sonho seja branca ou de cor clara, esteja preparado para aventuras que surgirão em breve; estas aventuras não vêm com conotação positiva ou negativa, pois não são desafios, apenas acontecimentos, atitudes ou decisões que não fazem parte da sua vida cotidiana. Galinhas pretas ou de cor escura, por sua vez, indicam que aborrecimentos e pequenos problemas surgirão para perturbar a sua paz nos próximos tempos. Galinha branca ciscando pelo campo gramado. Ela está rodeada de seus pintinhos nas cores preto e branco.

Sonhar com galinha ciscando insistentemente: se a galinha que protagonizou o seu sonho ciscava insistentemente, um parente ou um amigo com quem você não fala ou não encontra há muito tempo pode ressurgir. É claro que isso pode ser um acontecimento negativo, pois pode indicar a vinda de alguém que já te causou mal ou de alguém que deseja se aproveitar da sua ajuda, mas pode representar também a reaproximação com alguém que você gosta, possivelmente até mesmo um pedido de perdão. Enfim, não encare essa reaproximação como positiva ou negativa antes de refletir sobre ela e tatear à procura de entender o que essa pessoa quer e por que se reaproximou.

Sonhar com galinha servida como alimento: se neste sonho a galinha estava servida para ser comida, para ser usada como alimento, fique bastante atento às pessoas que fazem parte do seu círculo mais íntimo, porque uma delas pode estar arquitetando algum plano ruim ou algo que vá causar um prejuízo na relação de vocês ou na sua vida, seja intencionalmente ou não. Portanto fique atento a sinais de que alguma falsidade ou maldade está em curso, mas também esteja aberto a perdoar pessoas que cometam erros sem intenção de te machucar, porque todos somos falhos e passíveis de erro.

Sonhar com um galinheiro cheio: se o foco do seu sonho era um galinheiro cheio, não apenas uma, duas ou três galinhas, é importante estar atento a possíveis fofocas e pessoas que já não te queiram bem. É tempo de pensar em todas as pessoas que fazem parte do seu círculo de convivência mais próximo e considerar quais são de fato importantes para uma condução saudável da sua vida e quais estão por perto apenas para se aproveitar das suas características positivas ou de alguma vantagem que possam obter por estarem por perto. Talvez seja necessário promover uma limpeza em suas relações e manter apenas aqueles que você tem certeza que são fiéis. Três galinhas, sendo duas amarelas e uma preta. O trio está dormindo empoleirado em um tronco de uma árvore. Ao fundo uma casa rústica construída de pedra.

Sonhar com galinha descansando: se o foco do sonho era uma galinha descansando ou repousando tranquilamente, sem se importar com o entorno, a mensagem é bastante direta: você pode estar dormindo no ponto e sendo passado para trás por uma pessoa que pensa que se importa com você e que quer o seu bem. Portanto esteja atento e pronto para reconsiderar suas amizades e a proximidade com alguns parentes, caso queira evitar decepções com pessoas em que você se acostumou a confiar.

Sonhar com galinha fugindo: se a galinha apareceu fugindo ou bastante assustada no sonho, fique calmo. É possível que você esteja passando por desafios difíceis neste momento ou que vá enfrentá-los em breve, mas com paciência e respirando fundo será possível superar cada uma dessas dificuldades, basta não pirar nem entrar em pânico. Com tranquilidade tudo se ajeitará e você vai sair dessa ileso, sem se prejudicar.

Sonhar com Ladrão

O que significa sonhar com ladrão? O sonho com ladrão geralmente não é sonho, mas pesadelo, porque pode ser bastante assustador ser roubado ou ver alguém ser roubado, mas saiba que o significado do sonho com ladrão nem sempre é negativo. O que significa ser assaltado em um sonho? E se você reagiu diante do ladrão, isso muda algo no significado do sonho? E se você mesmo era o ladrão roubando gente por aí, o que isso pode significar? O que é sonhar com um ladrão? Descubra a seguir o significado de sonhar com ladrão.

Sonhar que um ladrão te atacou: este é mais um ótimo exemplo de que muitas vezes os sonhos significam justamente o oposto do que demonstram. Se você sonhou que um ladrão te atacava sem ao menos te dar a chance de se defender, saiba que as suas finanças e os seus bens materiais estão protegidos e bastante seguros, mesmo que a época seja de desconfianças ou apresente um desfile de problemas, um mais complicado que o outro.

Sonhar que você ataca e vence um ladrão: sonhar que você ataca um ladrão e consegue impedir que ele leve suas coisas (ou mesmo foge e consegue despistá-lo) indica que muitos triunfos surgirão em sua vida, pois a fase que está começando agora é de bastante prosperidade, crescimento e evolução, então esteja preparado para colher os frutos que foram plantados há muito tempo, mas que agora estão finalmente maduros e prontos para serem saboreados.

Sonhar que você ataca, mas não vence o ladrão: sonhar que você tentou reagir, mas infelizmente não conseguiu impedir que o ladrão te roubasse indica mais ou menos o óbvio: problemas surgirão, e esses problemas demandarão bastante esforço para que os resultados deles não sejam completamente negativos. Além disso, saiba que os seus esforços e a sua dedicação diante das dificuldades não estão sendo bem-vistos por algumas pessoas que invejam grandemente a sua força de vontade.

Sonhar com mais de um ladrão: sonhar com uma dupla ou um grupo de ladrões pode ser assustador não só na vida onírica, mas também na vida desperta, porque indica que alguém está preparando seu exército para ir para cima e te prejudicar. E esse prejuízo não é algo simples não, é um prejuízo real, provavelmente financeiro e profissional, então esteja atento às pessoas que declaram amizade, mas que não a demonstram e aparentam estar provavelmente preparados para passar a perna em você e deixá-lo para trás.

Sonhar que está observando a ação de um ladrão: se você sonhar com ladrão assaltando ou abordando violentamente uma pessoa aleatória, saiba que há inveja (e das grandes!) em sua vida, então tome muito, mas muito cuidado com pessoas que não são confiáveis, sobretudo com aquelas que já te desapontaram antes, prometeram mudança, mas aparentemente não vêm cumprindo o combinado. Além disso, este sonho pode representar o famoso tesão acumulado, isto é, uma grande quantidade de desejo carnal reprimido.

Sonhar com um ladrão atirando: se você sonhou com um ladrão disparando uma arma, considere isso um aviso para manter mais discrição em sua vida, porque a inveja está correndo solta e algumas pessoas podem tentar prejudicá-lo, seja em nível pessoal ou profissional, então esteja atento e preparado com quem deseja te passar para trás. Se você ou alguém foi baleado pelo ladrão neste sonho, mantenha cautela ainda maior com a saúde. Talvez seja um momento para fazer um check-up e para uns exames de rotina. Se o tiro foi fatal no sonho, há uma grande chance que estas reavaliações te levem a prosperar na vida e a levar uma rotina ainda melhor e mais grandiosa.

Sonhar que o ladrão levou algo de valor alto ou inestimável: se você foi roubado pelo ladrão em seu sonho e ele levou algo de muito valor financeiro ou de carinho indescritível, crises em sua vida pessoal e em sua carreira podem acontecer em breve, então esteja preparado para lidar com elas, superá-las e sair deste período crescido e de cabeça erguida, porque estas dificuldades te tornarão uma pessoa ainda melhor, mais determinada e corajosa.

Sonhar que você é um ladrão: sonhar com ladrão, mas você mesmo ser o ladrão, independentemente de ter roubado alguém ou não, significa que desejos reprimidos podem estar fazendo bastante mal para o seu emocional e para o seu psicológico, então é um bom momento para olhar para dentro de si, entender, assimilar e se propor a mudar tudo o que está errado em sua caminhada.

Sonhar com Cobra

Sonhar com cobra: o que significa? Sonhar com cobra é um termo muito buscado na internet. Esse interesse sinaliza que o tema é bastante comum no repertório dos sonhos. Se você passou por essa experiência, pode estar se perguntando agora: qual o significado de sonhar com cobra? Será que é uma coisa boa ou não? Para responder a essa pergunta, vamos primeiro entender o que representa o símbolo da cobra.

Provavelmente você já ouviu a expressão "Fulano é uma cobra", indicando uma pessoa de personalidade tóxica e que espalha veneno por onde passa. Ao mesmo tempo, deve conhecer também o uso da palavra para mostrar que alguém é muito habilidoso em alguma coisa: "ela é cobra na arte de fazer bolos". E ainda há o emprego da serpente no símbolo da Medicina. Essa relação entre a cobra e saúde existe desde os tempos em que gregos e romanos acreditavam que ela teria poder terapêutico. Eles a associavam ao deus da medicina e à cura de pragas.

Sonhar com cobra, serpente ou víbora? Cobra, serpente e víbora são parecidas, mas não são a mesma coisa. Serpente define todo réptil sem patas, com o corpo alongado e coberto de escamas, podendo ser venenoso ou não. Porém, a palavra cobra é mais específica, porque ela é uma das famílias das serpentes, que inclui ainda as víboras. Portanto, toda cobra é uma serpente, mas nem toda serpente é cobra. Contudo, para a análise do significado dos sonhos, vamos considerar esses três termos como sinônimos.

Mas o que significa sonhar com cobra? Se você quer saber o que significa sonhar com cobras, está no lugar certo. Normalmente, sonhos com cobras contêm avisos. O fato se se tratar de um animal rasteiro faz com que a interpretação mais frequente tenha carga negativa. Porém, é preciso considerar o que aconteceu para poder descobrir qual é o significado de sonhar com cobra. Afinal, a mesma cobra que tem veneno, também carrega o ingrediente para o antídoto.

Sonhar com cobras tem múltiplos significados. Entre as várias formas de interpretar o que é sonhar com cobra, a Psicanálise contribui com o conceito que relaciona a cobra a um símbolo fálico. Portanto, no que se refere à função sexual, esse sonho implica em normalidade para o homem e possível insatisfação ou recalque para a mulher. Se a cobra estava na cama, o significado também pode ser insatisfação. Além disso, como esse réptil troca a pele de tempos em tempos, também está associado à transformação ou mudança. Sendo assim, se você sonhou com uma cobra entrando em casa, é possível que aconteça uma troca de endereço.

Outras análises ligam um sonho com cobras ao presságio de situações desagradáveis, discórdias, inimigos, emoções ocultas, dificuldades nos negócios e doenças. Viu uma cobra se deslocando pelo chão? Pode sinalizar um perigo ou a necessidade de prudência na forma como você trata as pessoas. Já no caso em que você sonha que está sendo picado pela cobra, a probabilidade é de desgosto no trabalho ou em casa. Se, pelo contrário, ela pica outra pessoa, significa a morte de um inimigo ou que te disseram falsas palavras. Matar a cobra simboliza a vitória sobre um adversário ou o enfrentamento de problemas de difícil solução.

Se no sonho você foi engolido por uma cobra, precisa considerar as razões que te fazem pensar negativamente para conseguir ser feliz no mundo real. Sonhar com cobra grande implica em uma mudança que você sabe que está para acontecer, mas tem medo dela. E, se você sonhou que andava entre cobras sem ser picado ou se a cobra do seu sonho era domesticada, fique feliz! Isso quer dizer que conseguirá superar obstáculos significativos ou que você está no processo de superar momentos difíceis.

A influência das cores. Sonhar com cobra verde, sonhar com cobra preta, sonhar com cobra amarela, sonhar com cobra verde e assim por diante. Faz diferença a cor da cobra? Para quem está interessado em saber o que significa sonhar com cobra preta, a resposta é: tenha cautela e fique atento à forma como você está vivendo. Procure controlar as suas energias, especialmente quando você está chateado.

Se a sua dúvida é o que significa sonhar com cobra amarela, saiba que essa cor tem relação com o dourado do ouro e a luminosidade do Sol. Por isso, envolve a conexão entre corpo e espírito, além de intelecto, sabedoria e consciência. Ou seja, você está evoluindo, começando a ver as coisas com maior clareza e fazendo melhores escolhas. Fique atento e procure sempre ouvir a sua intuição.

Se seu interesse é o que significa sonhar com cobra verde, não se preocupe. Se trata de algo mais positivo. Não é à toa que essa cor é ligada à esperança, natureza e prosperidade. Então, anime-se! Uma nova vida ou dias mais leves e felizes podem estar a caminho.

Sonhar com Dinheiro

Sonhar com dinheiro com certeza agrada muita gente. Afinal, remete à riqueza. Mas você sabia que nem toda riqueza é um bom sinal? Sonhar com dinheiro tem diversos significados, dependendo de como esse dinheiro é visto no sonho.

Sonhos: Os seus significados

Antes de mais nada, é importante explicar que sonhar com dinheiro é um aviso para buscar o autoconhecimento. Esse tipo de sonho irá te ajudar a entender a forma como você se enxerga. Certamente, a maneira como o dinheiro aparece no sonho diz muito sobre como você leva a vida. Então, a área profissional, a espiritual e a da saúde podem estar envolvidas.

Portanto, antes de explicarmos o significado de cada interpretação, podemos dizer que sonhar com dinheiro é uma oportunidade de reflexão. Por exemplo, para você analisar a maneira como cuida de si mesmo e se está sabotando seus próprios objetivos.

Veja a seguir as diferentes interpretações do que significa sonhar com dinheiro. Aproveite para refletir sobre o que o seu subconsciente pode estar querendo dizer por meio do significado dos seus sonhos.

O que significa sonhar com muito dinheiro?

Se você quer saber o que é sonhar com dinheiro, não precisa mais pesquisar. O dinheiro nos dá diversas interpretações pela forma como ele é colocado no sonho. Sonhar com dinheiro pode expressar a vontade de muita gente, ainda mais quando a quantidade é abundante. Mas será que isso é mesmo um prenúncio de boas novas?

Se você viu muito dinheiro no sonho, é um recado para que você não se arrisque nos negócios. Aguarde um pouco para fazer novos investimentos ou se aventurar em um novo emprego. Quando o dinheiro aparece através de pacotes de cédulas ou moedas amontoadas em uma mesa, é um alerta para prejuízos.

Mas fique tranquilo, sonhar com dinheiro não é só um prenúncio negativo, também pode ser indício de coisas boas.

O que significa sonhar que está achando dinheiro?

Em contrapartida, é ótimo sonhar que está achando dinheiro. Pressagia uma boa perspectiva para a vida profissional, podendo ser uma ascensão na carreira. É um alerta para uma mudança de situação econômica. Ou seja, a sua vida financeira irá mudar em breve e para melhor.

Sonhos com dinheiro apresentam diversos significados. De maneira geral, sonhar com dinheiro é um bom agouro. Em contrapartida, também pode ser um aviso para economizar e evitar gastos supérfluos. Todas as interpretações dependem de uma série de detalhes do sonho. Só para ilustrar, isso inclui se você está feliz ou triste, a forma como você encontrou esse dinheiro, se ele é roubado, se está queimado, notas sujas, pouca ou grande quantidade. Enfim, todos esses fatores interferem no significado final do sonho. Sendo assim, da mesma forma que o dinheiro nos remete à fartura, também traz consigo possibilidades abundantes de interpretação. Todas elas têm o intuito de fazer você refletir sobre determinada área da sua vida.

Para simplificar um pouco os significados de sonhar com dinheiro, separamos em dois grupos as interpretações que o dinheiro nos traz: quando é bom e quando é uma ameaça.

Quando sonhar com dinheiro é um bom presságio?

Perder dinheiro em sonho é um bom recado: você pode até ganhar na loteria! Gastá-lo anuncia que vai aparecer alguma herança. Receber dinheiro, indica boas notícias, assim como emprestar. Ganhá-lo aponta a realização de bons negócios. Ver dinheiro queimando significa o nascimento de um filho.

Moedas são um bom prognóstico para o futuro. Se você deu dinheiro à sua esposa no sonho, você possui um amor sincero. E se deu para qualquer outra pessoa, aponta bons e inesperados ganhos. Caso você use o dinheiro para pagar alguém ou alguma coisa é indício de sorte no futuro e incremento de ganhos materiais. Qualquer forma de troca de dinheiro é sinal de aumento material. Da mesma forma, guardar dinheiro é presságio de felicidade no campo afetivo e pessoal.

E quando o dinheiro é algo negativo?

Assim como a forma em que o dinheiro aparece no sonho e o que você faz com ele podem indicar boas novas, também podem ser um mau presságio. Então fique atento e policie seus gastos.

Se você aparece contando dinheiro no sonho, pode ser um sinal de perda em jogo. Perder dinheiro pode implicar em algum acontecimento desagradável. Quem aparece no sonho fazendo dinheiro falso pode estar prestes a encarar a miséria. Se você pegou dinheiro emprestado, é um conselho para economizar, pois tempos difíceis vêm por aí. Se no sonho, você gasta dinheiro desmedidamente é anúncio de que precisa valorizar mais o lado espiritual. Já se você sonha que está roubando dinheiro, é bom dar mais atenção à saúde, se não, será acometido por uma enfermidade.

Agora que você já conhece todas as interpretações que sonhar com dinheiro traz, busque analisar o que está acontecendo na sua vida. Assim, a forma como o dinheiro aparecerá no seu sonho, poderá te ajudar a evitar situações desagradáveis.

Sonhar com Pessoas

Sonhar com pessoas – sejam estas conhecidas, desconhecidas, vivas, mortas ou famosas – é algo comum e frequente em quase todos os sonhos. Assim como cada componente do sonho (cenário, objeto, animal, ação) retrata o sonhador, não é diferente sobre quem sonhamos. Todavia, há alguns detalhes que podem nos ajudar muito a entender os significados de cada específica pessoa sonhada.

O primeiro deles – e o mais complexo – é dividido em duas partes e cada qual merece um tipo de questionamento:

1 –Se o sonho for com uma pessoa conhecida (seja famosa, do nosso cotidiano ou já falecida)

Essa primeira parte poderá ser melhor entendida com a ajuda das seguintes perguntas: Qual a fase mais marcante que essa pessoa já passou em sua vida ou está passando? O que ela já viveu ou está vivendo que lhe chamou (ou lhe chama) bastante atenção? Essa pessoa foi demitida? Se divorciou? Foi aprovada num concurso? Teve um filho? Conseguiu superar uma perda? Mudou de curso ou de emprego?

Então, quando surge em nosso sonho, essa pessoa tende a representar esse tipo de situação ou atitude que estamos vivendo e que são semelhantes às dela. Vamos pegar um exemplo. Um homem sonhou com uma conhecida dele. Recentemente, na vida real, essa mulher passou pela experiência da maternidade, tendo um filho. E foi algo tão intenso na vida dela que gerou uma significativa mudança no comportamento dela diante da vida, tal como adquirir hábitos alimentares mais saudáveis. Isso pode dizer que, o fato do homem ter sonhado com ela, indica o potencial dele em criar algo marcante (tal como um novo projeto profissional, criativo ou artístico, "como se fosse" o filho que ela gerou) ou de iniciar uma nova fase em que cuidará melhor de sua alimentação.

Lembre-se, a linguagem do sonho é baseada em "como se fosse". Ou seja, ao ter sonhado com essa conhecida, é como se o homem adotasse atitudes similares às da pessoa em situações que podem ser ou não idênticas as que ela viveu ou vive. Se for atitudes positivas, ótimo, continue desenvolvendo-as e expressando-as. Caso sejam negativas, fique atento para não agir como essa pessoa negativamente agiu.

2 – Também é preciso se questionar
Quais as características desta pessoa que mais chamam sua atenção? O que mais admira nela? O que mais lhe irrita e lhe incomoda em sua aparência, estilo e personalidade?

Sonhos: Os seus significados

Sendo assim, se você sonha com o ex-técnico da seleção brasileira, o Luís Felipe Scolari, por exemplo, você precisa se perguntar quais as qualidades e os defeitos na personalidade dele que mais causam admiração e irritação em você. Não importa se o que você considera positivo ou negativo no jeito de ser dele seja real, verdadeiro ou divulgado na mídia. O ideal é você simplesmente se basear naquilo que você vê, nota e sente em relação a tal pessoa.

E, depois disso, o ideal é notar se você não está numa fase em que precisa ficar atento para não reproduzir em sua vida cotidiana esses defeitos. E de que forma tem buscado desenvolver e expressar em seu dia a dia o que há de admirável na pessoa sonhada.

Pessoas conhecidas: Já o segundo detalhe sobre sonhar com pessoas gira em torno da reflexão a respeito do nosso relacionamento, na vida real, com quem apareceu em nosso sonho. Claro que isso só vale se a pessoa for nossa conhecida. Neste caso, o ato de sonhar pode estar mostrando quais ajustes precisam ser feitos na relação que temos com determinada pessoa.

Neste caso, o ato de sonhar pode estar mostrando quais ajustes precisam ser feitos na relação que temos com determinada pessoa.

Se for alguém com quem você tem algum tipo de vínculo, observe como foi a interação de vocês no sonho. Vamos supor que, no sonho, essa pessoa está lhe enganando e você percebe que ela lhe trairá. Então, observe até que ponto você tem traído a si mesmo, na vida real, ao não tomar consciência de certos hábitos comportamentais (como uma grande dificuldade de confiar no outro). Ou de que forma o fato de você não desenvolver uma atitude admirável em relação à personalidade da pessoa sonhada não está atrapalhando seu processo de autoconhecimento e autor realização na vida. Afinal, essa também é uma forma de trair a si mesmo.

Sonhar com ex. Caso seja uma pessoa com a qual já teve um relacionamento, tal como um(a) ex-namorado(a), é importante observar se não está se comportando do mesmo modo como agia quando tinha essa relação ou convívio. Como esquecer o ex? Divórcio energético ajuda a desfazer laços amorosos

Por exemplo, se você tinha muitos ciúmes da pessoa e isso atrapalhou bastante o vínculo entre vocês, ou se você não se dedicava carinhosamente a ela, sendo distante e mais voltado para os amigos. Portanto, será importante analisar até que ponto não está repetindo esse mesmo padrão de comportamento no seu atual relacionamento afetivo, o que pode acabar gerando os mesmos efeitos ou resultados. Será um alerta do inconsciente para mudar sua atitude e fazer diferente, caso queira ter uma aliança mais satisfatória com quem atualmente se relaciona.

Pessoas Desconhecidas: Se o sonho for com uma pessoa desconhecida, esta pode representar uma faceta de nossa personalidade que ainda não temos consciência.

Se o sonho for com uma pessoa desconhecida, esta pode representar uma faceta de nossa personalidade que ainda não temos consciência.

Talvez atitudes ou hábitos que estamos começando a desenvolver e expressar.

A nossa interação com essa pessoa no sonho vai revelar muito o que precisamos fazer para lidar com essa faceta que ela representa sobre nós e nossa vida. Por exemplo, se tal pessoa que não conseguimos ver o rosto ou identificar quem seria está agindo de forma muito passiva ou submissa às outras que estão no sonho, ela tende a nos incitar a fazer as seguintes perguntas: estou reivindicando meus direitos e desejos? Deixo comodamente quem se relaciona comigo tomar as decisões relativas à nossa vida em comum? Acabo me anulando em prol do outro para evitar conflitos ou mesmo a separação?

Então, quando aparece alguém (seja conhecido ou não) em nossos sonhos, é preciso observar quais as características dessa pessoa (qualidades, defeitos), bem como sua fase na vida e o modo como interagimos com ela (tanto na vida real quanto no sonho). E seguir o roteiro de perguntas acima escrito para termos indicações do que mudar em nosso comportamento. Desse modo, conseguiremos agir de forma mais madura com ela na vida real (caso seja conhecida e presente em nosso cotidiano) ou em nossos outros contatos sociais.

Sonhar com Cachorro

É comum os cães, considerados por muitos como o melhor amigo do homem, aparecerem frequentemente em nossos sonhos. Mas você sabia que sonhar com cachorro pode ter diferentes significados?

O significado dos sonhos é um mistério para muitas pessoas, mas para quem consegue enxergar além do nosso plano, sabe que os sonhos são muito mais do que histórias em nossas cabeças, ele pode significar um aviso de nosso espírito ou de nosso inconsciente sobre nossa vida. Podemos assim, evitar maiores danos ou nos mantermos no caminho certo para realizarmos nossos objetivos.

Sonhar com seu próprio cachorro ou de um desconhecido: Receberá favores de um amigo em breve. Caso o cão seja de um conhecido, poderá enfrentar dificuldades financeiras.

Sonhar com cachorro morto: Simboliza o término de um ciclo na sua vida. Aproveite essa fase para desapegar de costumes que não te fazem mais bem.

Sonhar com cachorro machucado: A interpretação de sonhos com cachorro machucado, é a de que você se sente despreparado para os desafios da vida e os seus medos e incertezas não te permitem progredir.

Sonhar com cachorro latindo: Você é uma pessoa guerreira que não tem medo de enfrentar os desafios, principalmente quando se trata de pessoas queridas que precisam de sua ajuda. Esse sonho significa que logo você receberá reconhecimento por tudo que tem feito em sua vida.

Sonhar com cachorro mordendo: Se o cachorro está te mordendo, isso significa que você pode estar desatento a acontecimentos que te prejudicarão, preste mais atenção na vida ao seu redor, principalmente quando se trata de pessoas próximas. Se o cachorro estava mordendo outra pessoa, é bem provável que haja algum ressentimento ou algo de ruim acontecendo no convívio com os sus amigos mais próximos.

Sonhar com cachorro bravo: Se o cachorro bravo avança em você indica que em breve sofrerá uma decepção amorosa. Mas fugir do ataque do cão é sinal de que conseguirá superar os desafios do cotidiano com sucesso.

Sonhar com cachorro dócil: Esse será um momento de relaxamento e tranquilidade, você viverá um período de paz em sua vida e rodeado de pessoas especiais que gostam muito de você.

Sonhar com cachorro branco: O significado do sonho com cachorro branco, é o de que você é uma boa pessoa que está seguindo por um caminho justo e de paz. Tome cuidado para não ser enganado por pessoas que querem tirar proveito de sua bondade.

Sonhos: Os seus significados

Sonhar com cachorro preto: Sonhar com cachorro preto é um presságio para tomar cuidado com amizades falsas. Nos próximos dias, tenha mais cautela e não confie tanto nos seus amigos.

Sonhar com cachorro brigando ou brincando com gato: O significado de sonhos com cachorro brigando é o de que podem ocorrer brigas entre seus parentes. Já um cão brincando com um gato indica que em breve acontecerão grandes brigas entre o casal.

Sonhar com cachorros: Você está sendo avaliado, tome muito cuidado como você se comporta com relação às outras pessoas e atenção às suas atitudes, pois isso irá influenciar em sua vida e em suas oportunidades.

Sonhar com cachorro pequeno: Você passará por um momento cheio de problemas difíceis de serem resolvidos. Saiba que embora pareçam complicados demais com foco e persistência, você conseguirá superá-los.

Sonhar com cachorro grande: Você fez e fará em sua vida importantes amizades, essas irão lhe ajudar a vencer obstáculos que surgirão em seu caminho e isso os deixará ainda mais próximos.

Sonhar com filhote de cachorro: O significado dos sonhos com filhotes de cachorro é que você terá uma pessoa maravilhosa em sua vida que te apoiará e seguirá sempre ao teu lado. Esta pessoa te dará apoio emocional e muitos dos seus desafios serão superados com a ajuda dela.

Os sonhos, através de sua linguagem simbólica, proporcionam autoconhecimento e podem nos ajudar a revelar acontecimentos futuros, seja no amor, trabalho, finanças ou família.

Sonhar com Gato

O que significa sonhar com gato? Sonhar com gato pode indicar a necessidade de abrir a mente para conseguir enxergar novas possibilidades em caminhos diferentes. A nível simbólico, o felino pode representar a amplificação de um lado mais sagaz e engenhoso.

Como é sua interação com o gato? Você fica fascinado ou temeroso desse contato no sonho? O gato é pequeno, normal ou grande? É filhote ou adulto? O gato está sozinho ou em bando? Como você tem se protegido de possíveis energias negativas? Tem feito algum ritual de limpeza energética ou considera que o descanso acima da média nesta época será importante? Tem sentido mais disposição para ir atrás de seus objetivos, com uma atitude mais focada e ao mesmo tempo aberta às oportunidades diante dos desafios? Está com vontade de alcançar mais independência e autonomia? Reconhece a importância de fazer mistério, guardar alguns segredos e não revelar suas intenções nem ambições, a fim de conseguir realizar seus desejos? Está com receio de vivenciar alguma situação ruim, ou seja, de ser alvo do azar em uma experiência que tem experimentado ou para a qual tem se direcionado? Quais as melhores maneiras que você considera para se proteger das energias que considera negativas e continuar na maré de sorte?

Sonhar que não se aproxima do gato: A atitude do sonhador no sonho tende a revelar o modo como a pessoa vem se comportando (ou poderá mais naturalmente se comportar) no dia a dia. Portanto, a reação do ego-onírico (nós mesmos, mas em um sonho) diante do gato poderá revelar a tendência mais provável de se ter diante do que esse simbolismo representa. Assim, se você teve uma postura mais aversiva em relação ao gato, será que não está com preconceitos ou resistência quanto a desenvolver um ritual de proteção diante de pessoas e ambientes que podem te influenciar negativamente? Ou será que não está com receio de enfrentar os desafios que lhe permitirão ter mais independência, tal como não aceitando uma tarefa profissional em que precisará assumir a liderança e a iniciativa de cumpri-la com sagacidade e flexibilidade?

Sonhar que interage positivamente com o gato: Caso esteja interagindo de forma positiva com o gato no sonho, isso pode indicar que há em você o potencial para fazer uso dos segredos e da atenção concentrada e multifocada, bem como da esperteza, para atingir seus fins.

Sonhar com um gato filhote: Se o gato é um filhote, pode ser que ainda precise desenvolver melhor esses atributos associados a tal animal em seu dia a dia.

Sonhar com um gato adulto: Se é um adulto, pode ser que você já tenha maturidade para expressar essas características de maneira consciente e sábia.

Sonhar com o tamanho do gato: O tamanho dele pode indicar até que ponto você está valorizando demais (muito grande) o medo de ser influenciado pelas energias mais densas e negativas, ou subestimando (muito pequeno) o poder delas.

Além disso, pode ser que o tamanho desproporcional revele a tendência a estar considerando essa fase de muita sorte ou azar. E todos os excessos merecem ser percebidos com equilíbrio, não se deixando levar por uma vitimização azarenta nem por uma confiança exagerada. Esteja atento, seja inteligente e aja com economia de energia: descanse bastante para que quando a oportunidade surja, você tenha a vitalidade e a disposição necessárias para dar saltos surpreendentes e sagazes na vida.

Sonhar com vários gatos: Quando o gato aparece em bando no sonho, pode indicar a importância de você prestar mais atenção a mais de uma característica de sua personalidade que necessita de maiores cuidados "higiênicos". Como assim? De prestar mais atenção sobre como pode "limpar" a expressão negativa de certos comportamentos, tais como dormir em excesso por preguiça ou preferir permanecer na sua zona de conforto, ou o oposto. Isto é, de precisar descansar mais porque várias atitudes, tais como impaciência, irritação e agressividade, estão gerando uma negatividade em sua vida – o que poderia ser evitado, reduzido, transmutado através desse repouso benéfico.

Figura sagrada: Logo ao falar desses felinos, a imagem da deusa egípcia Bastet, uma mulher com cabeça de gato, vem à mente. E ela é a deusa protetora e benfeitora dos homens. "A força e a agilidade do felino, postas a serviço do homem por uma deusa tutelar, ajudam-no a triunfar sobre seus inimigos ocultos", escrevem Jean Chevalier e Alain Gheerbrant, em seu Dicionário de Símbolos, Editora José Olympio, página 462. Tanto que o gato era considerado um animal sagrado no Egito.

Algo sagrado é algo que nos protege do mal. É interessante notar essa perspectiva cultural com o hábito dos gatos de serem muito higiênicos – o que retrata, simbolicamente, o potencial para a limpeza interna.

Necessidade de limpeza interna: Ao mesmo tempo, os gatos são excelentes caçadores, tanto que "limpavam" os ambientes urbanos (ruas, residências e até mesmo navios) e os depósitos que armazenavam cereais, afastando roedores.

Em outras palavras, há uma forte ligação dos gatos com a questão da limpeza, tanto que são considerados grandes transmutadores de energias mais densas e pesadas.

Há uma forte ligação dos gatos com a questão da limpeza, tanto que são considerados grandes transmutadores de energias mais densas e pesadas.

Daí a possibilidade de a pessoa que sonha com esses animais provavelmente estar em uma fase em que é necessário ela se cuidar melhor e selecionar bem as companhias e os ambientes, a fim de não se deixar influenciar por emoções e pensamentos negativos. Também é importante descansar muito para recuperar a vitalidade (os gatos têm um método de conservação de energia ao dormir por uma quantidade de horas por dia – cerca de 18 horas – bem maior que a média da maioria dos animais).

Expansão da percepção: Claro que essa habilidade de caçar que o gato possui também pode indicar, simbolicamente falando, uma predisposição da pessoa a agir com mais autoconfiança na busca por seus objetivos, além de ter foco e capacidade de alcançar metas. E, assim, alcançar um novo nível de independência. Não por acaso os gatos costumam ter uma personalidade independente.

Além da determinação para atingir certos objetivos, a pessoa tem condições de manter uma percepção ampla do que está ao seu redor. Afinal, os músculos da orelha dos gatos são tantos que lhe conferem uma audição direcional. É um atributo que, a nível simbólico, tende a indicar uma atenção multifocada, uma abertura às oportunidades e uma atenção aos possíveis perigos (leia-se desafios) que tendem a ocorrer, a fim de que a pessoa se posicione com flexibilidade, sagacidade e engenhosidade diante dos mesmos.

Gato preto dá azar? Já o aspecto negativo ligado a este felino tem muito a ver com o misticismo em torno do gato preto, que é considerado símbolo de azar. Talvez por causa de uma herança da Idade Média, na qual os gatos foram associados à possessão por maus espíritos, uma vez que as pessoas acusadas de magia e bruxaria nesta época eram queimadas junto com esses animais.

Seja qual for a polaridade que se evidencia nos gatos, é fato que cada uma delas (a negativa e a positiva) é "colorida" por uma forte tonalidade de mistério. Esse atributo do mistério pode ser bem observado no hábito que esse felino tem de enterrar sua urina e suas fezes como uma estratégia para esconder seu cheiro e evitar ser percebido por algum predador.

Sonhar com Peixe

O que significa sonhar com peixe? Para entender o mundo dos sonhos, ou onírico, como também é conhecido, é um reflexo do nosso inconsciente que nos transmitem diversas mensagens. Algumas vertentes da psicologia utilizam essa linguagem simbólica na interpretação de diversos recados dos nossos inconscientes.

Em termos gerais o peixe simboliza algo que estava sendo reprimido, guardado em seu interior e que está tentando voltar ao mundo consciente para se expressar. Por se encontrar conectado ao elemento água ele mergulha, nada e vive cercado por este elemento. A água simboliza o amor incondicional, os fluxos e refluxos das emoções, a limpeza e a purificação das nossas vidas.

Sonhar com peixe grande ou sonhar pescando peixe grande: Pode significar uma questão muito importante que tem tirado seu sono e trazido muitas preocupações. Essa questão, no seu inconsciente, tem pedido mais atenção para o seu consciente e também para o seu mundo racional. Preste bastante atenção nas mensagens recorrentes na sua vida.

Sonhos: Os seus significados

Sonhar com peixes mortos: Representa os seus desejos sendo sufocados por pensamentos racionais. Em outras palavras você está deixando de fazer aquilo que gostaria para agradar outras pessoas, mas, com este comportamento, está abandonando suas vontades e a sua felicidade.

Sonhar com peixe assado: Você deixando de viver os bons momentos por culpa de uma exigência interna que é desnecessária. Saiba curtir cada momento e valorizar as pessoas que realmente querem seu bem.

Sonhar limpando peixe: Momento ideal de fazer uma limpeza nos hábitos e manias que te atrapalham em todos os relacionamentos, tanto no trabalho, família como também na vida amorosa.

Sonhar com peixe vivo: Sua vida financeira está passando por uma fase ótima! Momento ideal para cortar os gastos desnecessários e focar em empreender.

Sonhar pescando peixe: Você precisa tomar consciência de determinadas coisas que deverão nutrir o seu mundo emocional e também o seu espírito. Você está em meio ao seu universo inconsciente, tentando "capturar" mensagens sem conseguir decifrá-las. Abra-se para os possíveis recados que a vida esteja enviando.

Sonhar com peixe frito: Sonhar com peixe frito ou Sonhar que está comendo peixe, pode simbolizar algum comportamento que tenha sido repetido por você nos últimos tempos. Alguma emoção, através das atitudes, tem se transformado em parte do seu inconsciente e posteriormente se expressará no consciente também.

Sonhar com muitos peixes: Significa fartura, abundância no mundo material, mas também, o mundo de aspectos desconhecidos da sua personalidade que "nadam soltos" por seu inconsciente precisando de interpretações. Fique atento aos recados que a sua mente transmite a você.

Sonhar com peixes coloridos: Podem simbolizar os diversos aspectos do seu inconsciente que vivem soltos, colorindo seus sonhos e suas necessidades. Eles simbolizam a liberdade, o olhar para a vida sem normatizações e regras que poderiam limitar as suas escolhas. Sonhar com peixes coloridos é um bom preságio e demonstra a pluralidade de vozes e de elementos no seu inconsciente que conseguem se expressar de maneira brilhante.

Sonhar com peixe preto: Alguns desafios e dificuldade em relação a área ligada a saúde. Momento ideal para passar no médico e solicitar exames de rotinas que te deixaram mais seguros do caminho em que a sua saúde está seguindo.

Sonhar pegando peixe com a mão: Você está conseguindo enxergar todas as boas oportunidades e consequentemente aproveitando para tirar todas as vantagens possíveis. Continue assim.

Sonhar com peixe no aquário: Sonhos e metas que são deixados de lado por não acreditar em ser capaz de realizá-los. É o momento ideal para se valorizar e colocar em prática sonhos antigos.

Sonhar com peixe congelado: Problemas na relação amorosa, dificuldade em demonstrar os sentimentos que consequentemente também trará desafios para a relação.

Sonhar com peixe cru: Falta de força de vontade ou garra para alguma atividade ou tarefa que apareceu.

Sonhar com o Namorado

Sonhar com namorado ou namorada significa que nosso ego está se relacionando com um aspecto conhecido de nossa personalidade. Algo em nós é representado por alguém com quem temos um contato íntimo, afetivo e frequente, embora possa trazer informações novas das quais podemos não ter conhecimento. Observe suas relações

Toda pessoa que cruza nosso caminho e com quem nos relacionamos afetivamente – seja num encontro casual ou num relacionamento sério – nos traz informações preciosas sobre nosso comportamento. Observar essas relações e como elas nos afetam e nos transformam são formas interessantes de se autoconhecer, se observar e recolher projeções.

Quando sonhamos com pessoas próximas a nós é importante se perguntar o que essas pessoas representam. Esse é um bom começo para se pensar na figura do namorado ou namorada num sonho.

Quais reflexões seu inconsciente está sugerindo a você? Meu relacionamento me enriquece ou me subtrai psicologicamente? Há troca e podemos aprender um com o outro ou a balança pende para um dos lados? Das características que projeto em meu parceiro, quais delas preciso trabalhar em mim mesmo? Esta é uma relação satisfatória e entrosada ou abusiva? Nos respeitamos como indivíduos ou nos simbiotizamos sem preservar nossa singularidade? Consigo perceber que meus relacionamentos também são um reflexo de mim mesmo e de quem eu sou?

Sonhar que o namorado está traindo: pode indicar um animus/ânima sabotador, que promove ilusão e engano acerca de circunstâncias da vida, sejam elas relacionadas ao próprio relacionamento ou não. O sonhador pode estar deixando de se posicionar quando necessário, ou fazendo escolhas que não refletem aquilo que verdadeiramente deseja, traindo-se em seus propósitos ou princípios.

Sonhar que transa com o namorado: nos remete a uma aproximação mais profunda e enriquecedora com essa instância psíquica. Transar com o animus/ânima pode indicar um entrosamento, um envolvimento mais profundo do sonhador com essa contraparte psíquica, que pode se manifestar como um alinhamento entre aquilo que se sente e pensa com a maneira como atua na realidade. Pode demonstrar que o sonhador sente-se confortável com seus posicionamentos, pois vêm de um lugar psíquico mais integrado.

Sonhar que briga com o namorado: pode denunciar uma tensão interna entre o ego e suas contrapartes (masculina ou feminina). Os motivos e resultados da briga podem esclarecer mais sobre o que o inconsciente está tentando tornar consciente para o sonhador.

Sonhar que está namorando outra pessoa: uma figura totalmente diferente da imagem real, mas que é percebida no sonho como alguém íntimo e conhecido pode indicar que é um aspecto não tão conhecido ou que talvez esteja distante da realidade que o sonhador projeta no parceiro. Muitas vezes a imagem vem como um(a) amigo(a) do parceiro(a), algum desconhecido ou até mesmo alguma figura pública. Em cada caso, o entendimento será individual a depender das associações do sonhador.

Sonhar com Traição

Sonhar com traição significa que você desperdiçou tempo e energia em coisas que não eram necessárias. Pode representar a sua insegurança para com diversos assuntos ou relações. Talvez você esteja se sentindo dependente de algo ou alguém emocionalmente. Traição é algo que ninguém quer sonhar, não é mesmo? Causa aquela sensação de insegurança, medo e baixa estima ao mesmo tempo, seja por estar traindo ou por ser traído. Mas logo colocamos a cabeça em ordem, pois sonhar não significa exatamente que vai acontecer.

Mas o que significa sonhar com traição? Sabemos que sonhos são mensagens do inconsciente que têm seu significado e muitas vezes dizem algo sobre o que estamos pensando ou sentindo. O sonho com traição está intimamente ligado à insegurança. O significado de sonhar com traição em um relacionamento amoroso pode estar ligado aos seguintes fatores: se você tem dúvidas sobre o parceiro; se você é uma pessoa desconfiada; pensa frequentemente em traição; tem relacionamentos passados que não foram totalmente resolvidos emocionalmente.

Sonhar com traição de amigos pode vir a revelar surpresas, tanto boas quanto ruins. Se você está traindo alguém no sonho, indica que estão querendo te trapacear de alguma forma para que perca algo, mas isso só vai acontecer se você permitir. Fique atento aos que se dizem amigos e podem não ser. Sonhar com traição ainda revela que você pode estar traindo a si mesmo, ou passando por situações e decisões que você não gostaria, pois vão contra seus verdadeiros desejos e sua identidade. Seu subconsciente provavelmente está carregado do tema traição, trazendo assim o sonho com traição.

Tente analisar esses pensamentos e sentimentos negativos e substitua-os por hábitos sadios, procure ter postura de segurança, esteja em paz consigo mesmo. Dependendo do contexto do sonho, ele pode trazer um significado específico.

Sonhar que é traído: a insegurança consigo mesmo fala alto nesse caso. Sonhar que está sendo traído representa, além de insegurança, a desconfiança para com outras pessoas. O sonho está trazendo mensagens do subconsciente, aproveite para esclarecer seus sentimentos e dúvidas consigo primeiro.

Sonhar com traição de namorado: o medo está em primeiro lugar na fila aqui, medo aliado à insegurança. Você pode também estar com dificuldade para admitir o quanto gosta dele, gerando no subconsciente uma representação de "perda" para saber como se sentiria caso acontecesse. Sonhar que o namorado te trai não é bom, mas você pode refletir esses sentimentos para melhorar a relação, para que seja ainda mais prazerosa, livre e saudável.

Sonhar com traição de marido: na teoria, um casamento é para se ter mais segurança e estabilidade que um namoro. Mas sentimentos e pensamentos de insegurança ou dependência emocional ainda podem existir com frequência também no casamento. Sonhar que é traída pelo marido pode representar a dependência emocional que tem dele e medos relacionados a possível perda do relacionamento.

Sonhar com traição amorosa: se no sonho você é traído, insegurança e medo estão sempre presentes nesses casos. Além da dependência emocional que você pode ter com relação à outra pessoa. Se você trai no sonho, pode significar, na verdade, que alguém está querendo te prejudicar, fique atento.

Sonhar com traição da esposa: este caso está ligado à dependência emocional. As áreas da vida devem ser compartilhadas, mas não dependentemente, tanto o casamento, quanto a profissional e outras. Uma dependência pode gerar danos. Sonhar não quer dizer que está acontecendo ou que vai acontecer. No entanto, são mensagens do subconsciente revelando seus sentimentos e pensamentos. Trabalhe sua mente e viva o lado positivo e a segurança de um relacionamento independente e feliz. Esteja seguro com você.

Sonhar com traição de namorado com amiga: está ligado ao medo de perder esse namoro sem poder fazer nada. Mas também está relacionado mais a você mesmo com relação às suas atitudes. Interprete os detalhes do sonho, eles podem ser refletidos e trazer ao consciente as situações que te incomodam, seja nas outras pessoas ou em você. Mantenha a estabilidade emocional e tenha atitudes maduras para esclarecer seus sentimentos. Sonhar não quer dizer que se tornará realidade, você não pode controlar ou adivinhar o pensamento do outro, mas pode analisar os seus, pode ainda encarar o que te incomoda, seja sutil e inteligente.

Sonhar com traição de outro casal: indica que precisa concentrar-se na sua vida. Novidades estão para acontecer e você precisa manter o foco para identificar a chance que o universo está te dando. Cuide mais de você e mantenha-se na calma com energia positiva.

Sonhar com traição de amigos: nem sempre o sonho está ligado à pessoa que sonhou, geralmente traz um significado nos gêneros de relação. Sonhar com traição de amigos indica surpresas que virão para a sua vida, tanto boas como más.

Sonhar que está traindo: se no sonho é você quem está traindo outra pessoa, ao contrário do que parece, o sonho indica que alguém próximo de você está tentando te arruinar de alguma maneira. Podem ser pessoas que se dizem amigos próximos ou até amizades recentes. Mas isso só acontecerá caso você permita, então fique atento e não confie demais nas pessoas, não revele seus assuntos mais íntimos, pois quem quer te fazer mal poderá usar seu relato contra você mesmo.

Sonhar que perdoa uma traição: sonhar com o perdão significa, sobretudo, paz, otimismo e esperança. No entanto, o ato de perdão sobre a traição em si, no sonho pode revelar que você não está em seu perfeito juízo para tomar decisões importantes. Sonhar que perdoa uma traição pode estar relacionado à falta de senso para distinguir o certo do errado. Procure analisar se está realmente em paz para tomar a decisão certa.

Sonhar que resiste a uma traição: se você resiste a essa traição, isso é um sinal positivo, mas não significa que está ileso de passar por momentos de provação e decepção, esteja atento a estes sinais, seja sincero e reflita, pois no final dará tudo certo.

Sonhar com Anjos

Sonhar com anjo é um bom presságio. A aparência de tais figuras em seu sonho significa que você está procurando a estabilidade que precisa, e que você pode ter finalmente entrado no caminho certo. O sonho com anjo também pode ser uma mensagem de reforço para ajudar os outros. Eles representam o bem, a proteção e o reino celestial.

Este sonho é um símbolo de boa sorte, ou um presságio de um nascimento de algo na sua família. Outro significado pode relacionar-se com o alcance de um ponto significativo em seu desenvolvimento espiritual.

O anjo em sonhos simboliza a bondade, a pureza, proteção, conforto e consolo. Preste muita atenção à mensagem que ele está tentando transmitir. Essas mensagens servem como um guia para uma maior realização e felicidade. Alternativamente, significa um distúrbio incomum na sua alma. Eles podem aparecer no seu sonho como resultado de suas atividades distorcidas.

Se no sonho você é um anjo, sugere que está se sentindo bem acerca de algo que fez. Provavelmente é uma pessoa solidária e o que o faz mais feliz é ajudar os outros. Em particular, ver três deles no seu sonho simboliza divindade. É considerado um sonho particularmente espiritual e santo. Caso ele esteja segurando um pergaminho, isso representa um sonho altamente espiritual. O seu futuro e os seus objetivos são mais claros para si, e a mensagem do pergaminho é particularmente significativa nesse sentido.

Quando um anjo aparece em seus sonhos, isso significa que você está sentindo que Deus está chegando. Se ele está chegando para visitá-lo, isso normalmente significa que você sente que tem feito o bem ultimamente. Você já deve ter cometido uma boa ação ou de ter feito algo que você pensou que era digno de reconhecimento especial.

Sonhos com anjos significam uma forma de proteção. Eles são os protetores dos males que assombram este mundo. Este é o sonho que pode ter quando está muito preocupado com alguma coisa, indo para um lugar novo ou experimentar algo novo.

Esse sonho pode ajudá-lo a se sentir muito mais seguro e fazer o seu trabalho. Esta é a maneira de lhe dizer para se acalmar e não ficar tão animado sobre algo que pode não acabar por ser tão ruim em sua mente. Em vez de ir com coragem e estar ciente de que está protegido. Às vezes, anjos em sonhos podem relacionar-se com desapontamento, mas apenas no caso, se o incumprimento de seus desejos pode prejudicar alguém.

Se sonha que um está se aproximando de você, isso anuncia boas notícias. Provavelmente, você receberá algo em sua vida que irá gostar muito. Um anjo em um sonho significa crescimento espiritual. Mas, neste caso, precisa confiar na sua própria força interior para alcançar.

Sonhar que está vendo um anjo: sonhando em ver um anjo é um símbolo de felicidade. Você sentirá um grande alívio quando mudar sua maneira de pensar e processar as coisas. Costumava observar problemas com ceticismo e sem esperança de que as coisas melhorassem. No entanto, logo assumirá a responsabilidade por suas ações e tentará viver da maneira que sempre quis.

Sonhar que está falando com um anjo: simboliza a realização de um desejo. Nos próximos tempos, terá sucesso em todos os aspectos da sua vida. Tudo que começa vai terminar antes de um prazo e vai superar as expectativas das pessoas. Você será muito elogiado pelo seu trabalho árduo e de qualidade, então estará em uma boa posição para conseguir um aumento, promoção ou alguma outra vantagem. Você ficará extremamente satisfeito com sua vida amorosa, pois seu parceiro lhe dará a atenção que merece. Se for casado, é possível que decida expandir sua família ou mudar de moradia.

Sonhar que é um anjo: avisa sobre possível doença ao seu redor. Provavelmente, definiu metas irrealistas para si mesmo, que podem prejudicar seu estado mental e físico. Você é um espinho entre desejos e possibilidades que são pólos opostos. Você também tem expectativas muito grandes para as outras pessoas, então elas não conseguem agradá-lo, não importa o quanto tentem. É possível que eles o deixem, para não verem que fica frustrado e infeliz. Para além disso também pode significar que uma das pessoas queridas está em extrema necessidade de assistência, e pode prestar assistência.

Sonhar em ter uma discussão com anjo: significa que terá brigas com seu parceiro ou com outra pessoa próxima. É possível que a comunicação entre vocês dois esteja um pouco tensa ultimamente porque estão se acusando por certos problemas. Terá de lidar com algumas coisas sozinho primeiro. E só depois conversar com eles sobre alguns mal-entendidos. Precisa entender que é preciso ter paciência e compreensão para ter uma boa comunicação, que o levará à solução de seus problemas. Lembre-se disso antes de discutir com alguém querido na próxima vez.

Sonhar que está lutando ou brigando feio com um anjo: simboliza o perigo. Pode acabar em uma situação que não é benéfica para si e que pode trazer mudanças negativas para sua vida. Tenha cuidado ao tomar decisões, porque cada movimento impulsivo pode custar muito.

Sonhar em matar um anjo: significa que se sente culpado por algo que disse ou fez. Tem reprimido esse sentimento por muito tempo porque seu orgulho não permite que fale com uma pessoa que magoou. Ficar calado ou negar a culpa não resolverá nada. É hora de assumir a responsabilidade por suas ações, caso contrário, pode perder pessoas queridas no futuro.

Sonhar com outras pessoas matando um anjo: significa que sente que irá ser alvo de injustiça. É possível que alguém receba os créditos por um trabalho que fez ou que o acusem injustamente de algo que nunca fez.

Sonhar que está beijando um anjo: um sonho em que tem qualquer tipo de relacionamento íntimo com um anjo simboliza sua necessidade de afeto e atenção. Se está casado há muito tempo, provavelmente sente que seu parceiro não olha para si da maneira que deseja. Também é possível que tenham se distanciado um do outro por causa de muitas obrigações e problemas. Tente falar com eles e dedique-lhes tempo. O fato de não estar perdidamente apaixonado no momento não significa que deva desistir de tudo e encontrar conforto em outra pessoa. Se ficar sozinho por um tempo, tente pensar em coisas que estão impedindo de se abrir para outras pessoas. E deixe-as se aproximarem. Talvez seja muito autocrítico ou tenha barreiras construídas ao seu redor por causa de erros do passado que apenas poucas pessoas seriam capazes de superar. Em vez de se machucar porque está sozinho, pense nos motivos e nas ações que o levaram a essa situação.

Sonhar com um anjo nu: significa que ouvirá boas novas. É possível que alguém que não vê há um tempo, mas que ama muito, venha visita-lo. Terá um bom tempo repleto de conversas sobre memórias felizes.

Sonhar com o Anjo da guarda: um anjo da guarda, isso significa que a proteção é proporcionada pelos poderes superiores. Se tocar nas asas dele, o sonho anuncia harmonia e paz de espírito. Todos os problemas em sua vida desaparecerão por si mesmos, a tristeza será esquecida, e a ansiedade desaparecerá.

Sonhar que o anjo está chorando: sonhando que vê ele chorando significa que você precisa pensar nas próprias ações. Talvez você tenha feito algo sobre o que em breve você se arrependerá.

Sonhar que o anjo está sorrindo: se estiver sorrindo, esse sonho prediz que vai achar um verdadeiro amor.

Sonhar com um anjo negro: se você sonha com um anjo negro, isso é porque será torturado por dúvidas que o atormentam. Não duvide da correção de suas próprias ações. Não tenha medo de nada e não se arrependa. Sua intuição lhe dirá a saída correta, apenas precisa escutá-la.

Sonhar que um anjo está chamando você: num sonho em que um anjo, que o chama para segui-lo, é um sinal de recuperação em uma doença.

Sonhar que os anjos são Mensageiros: eles são mensageiros de Deus. Eles nos protegem, nos guiam ou realizam outras tarefas celestiais. Portanto, os sonhos com anjos simbolizam uma força maior que está nos vigiando, dirigindo-nos, protegendo-nos ou tentando nos mostrar algo importante, oculto. A parte importante sobre este tipo de sonhos, é traduzir a mensagem, com base no que está acontecendo atualmente em nossa vida espiritual e física. A mensagem pode ser uma alegria compartilhada de algo divino que aconteceu, uma bênção de coisas boas por vir, ou um aviso de algo para o qual devemos nos preparar.

Sonhar com Fezes

Sonhar com fezes normalmente indica que você sente que tem de se livrar de determinadas emoções e maus pensamentos. O significado é que tudo isso precisa ser liberado e depressa. Tal como um alimento digerido, elas podem representar uma experiência que era relevante, mas agora precisa deixá-la ir sair da sua vida. Muitas vezes expressa sentimentos de repulsa ou desagrado.

Na vida real não importa onde você vê fezes, vão sempre provocar um sentimento de nojo à pessoa que as está vendo. Por isso, pode ser um pouco surpreendente descobrir que elas, na verdade têm um significado muito positivo em sonhos.

Normalmente, estes sonhos também podem indicar aquilo que você produziu ou criou, algo que saiu de si mesmo. É importante ver a sua reação no sonho ao encontrá-las. Além dos significados mencionados, elas são excrementos do corpo humano que se tornam adubo para um novo crescimento. Elas podem também representar o dinheiro ou riquezas e a fertilidade.

Se muitas pessoas consideram o dinheiro a "raiz de todos os males", então você pode ser capaz de ver por que este símbolo pode se manifestar em sonhos de uma pessoa quando o dinheiro e a sorte estão prestes a chegar.

As fezes são algo com que você tem que lidar todos os dias como parte de um processo natural. A eliminação das partes ruins e desnecessárias do que você come e digere é fundamental para sua saúde. Nos sonhos, elas simbolizam metaforicamente o mesmo processo que você processa e purga as emoções negativas e desnecessárias, como a raiva e os ciúmes.

Podem também representar um relacionamento ou situação não saudável, ou uma liberação emocional saudável. Em outras palavras, ver ou lidar com esse dejeto em seu sonho pode ser uma maneira saudável de processar e liberar bagagem emocional e psicológica. Também, pode ser um aviso de que você está colocando em risco sua saúde física, emocional ou psicológica, porque você está em um relacionamento ou situação não saudável.

O sonho pode estar dizendo que você está pronto para liberá-lo e deixar ir essas influências ou emoções negativas. Além disso, elas em sonhos podem representar toda a "merda" que você tira ou limpa após más situações com as quais você está lidando.

Se você sonha com uma grande quantidade de fezes no chão: pode ser significado de algo muito bom que está pressentindo, uma vez que estes sonhos revelam que o Deus da riqueza irá acompanhá-lo. Se você é um empreendedor, comerciante ou possui algum negócio e tem esse sonho, então é porque pressente um negócio de sucesso com a ajuda de outras pessoas.

Sonhos: Os seus significados

Sonhar que pisou em fezes: sugere que a boa sorte está chegando, mas se viu um banheiro cheio de cocô em seu sonho, algo inesperado vem aí.

Os sonhos em que cava e remexe em cocô: significam boa sorte iminente, a sua capacidade de ganhar dinheiro será melhorada por meio de algo novo que está fazendo.

O sonho em que cai em um banheiro repleto delas: raramente é um sonho positivo. Se o sonhador caiu dentro da sala do banheiro e conseguiu sair, é extremamente auspicioso e tudo está indo bem. No entanto, se o sonhador não conseguiu sair e se sentar lá em paralisia, as coisas vão muito mal.

Se você sonhou que estava no banheiro libertando suas fezes: é um bom sinal. Para além disso se no sonho você as leva para dentro da casa no sonho é um grande sinal auspicioso. Se você é uma pessoa de negócios, pode vir aí sucesso. Já se elas estiverem empilhadas, significa ganhar dinheiro, aumento da sua fortuna, seu investimento ou carreira, vão trazer uma grande quantidade de sorte para você.

Sonhando com a mão segurando merda: sugere para você fazer um investimento ou apostar na carreira, o sonhador faria uma grande fortuna. A compra de um bilhete de loteria também poderia ser uma boa escolha.

Sonhar com fezes humanas: pode pressagiar uma bonança financeira, mas pode ter outros significados conforme a sua consciência no momento. Entre outras coisas, a relação entre elas e sujeira pode indicar que você sente vergonha de algumas coisas na sua vida. Este símbolo de sonho também pode indicar que está aguentando emoções ou sentimentos negativos. Se você sonhou que estava com fezes presas, pode indicar que precisa fazer um inventário emocional, a fim de descobrir o que precisa ser liberado, para que possa continuar com a sua vida de forma tranquila. Se o cocô for de outra pessoa, você pode estar admirando ou invejando o trabalho, a riqueza ou os bens dessa pessoa.

Sonhar que está fazendo cocô: simboliza um dilema pessoal atual, você pode estar chateado ou preocupado com algum aspecto de sua vida, como uma pessoa, uma tarefa ou uma pertença pessoal. Embora você possa estar ciente da fonte de sua preocupação, você pode se sentir incapaz de lidar com a situação. Também, sonhar fazendo cocô pode significar vontade de se acumular ou produzir algum resultado material visível.

Sonhar com merda: pode ser um reflexo do seu sistema digestivo mental, no entanto, se você acordar do seu sonho sem sentir a necessidade de ir ao banheiro, vê-las pode ter outro significado. De um modo geral, sonhar com cocô pode sugerir alguma forma de dinheiro e riqueza que irá entrar na sua vida.

Sonhar que está limpando merda ou dejetos de outra pessoa ou animais: normalmente indica que você estará trabalhando duro para voltar a atingir seus objetivos após o erro de outra pessoa. No entanto, geralmente será recompensado com ganhos monetários para seu processo de limpeza. Por outro lado limpar fezes em sonhos pode traduzir a incomodidade da situação em que você está. Pode ter ou logo se expor a alguém ou a pessoas com quem você tenha uma relação distante, insegura ou desconfiada. Ou seja, pode estar fazendo alguma coisa ou expressando alguma opinião ou experiência pessoal para ouvidos questionáveis.

Sonhar que o vaso sanitário tem fezes: pode significar que um problema é a solução para uma questão que você tem com outra pessoa. Há muitos problemas que podem sugerir, como por exemplo, se elas estão transbordando, isso sugere cenários ou encontros sociais que você precisa ter cuidado e evitar.

Sonhar com um banheiro coberto de merda: pode significar cenários de vida difíceis, onde você está tendo um resultado de "merda". Vê-las flutuando no banheiro em sonhos sugere uma questão perigosa que está fora de controle.

Sonhar com Felicidade

*E*m termos gerais, se sonhar com felicidade ou alegria pode indicar bons momentos presentes ou futuros. Emoções ou estados emocionais estão presentes nos sonhos e não são disfarçados como na vida real. Isso significa que eles são reflexos dos verdadeiros sentimentos da pessoa na vida.

No entanto, ela é um sentimento ou estado emocional que muitas vezes é de natureza compensatória se está triste ou angustiado na vida real.

A tristeza na vida real equivale à felicidade nos sonhos. Isso pode não estar em consonância com o princípio de que os estados emocionais não são disfarçados nos sonhos e não são símbolos de outra coisa. No entanto, sonhar com felicidade é indicativa do fato de que tudo não está bem em sua vida.

Você tenta compensar a tristeza em sua vida real quando se vê como feliz em seus sonhos. Os sonhos agradáveis são uma tentativa da parte do indivíduo para compensar a infelicidade na vida real. Esta é uma maneira de alcançar o equilíbrio na vida. Seus sonhos felizes podem deixá-lo em fatores que o deixam infeliz na vida real e fornecer uma solução para sua infelicidade. Se está fazendo algo na vida com o qual seu coração não está confortável, torna-se infeliz e fica sem conhecer o motivo da sua infelicidade. Se enfrenta dificuldades na vida que o fazem chorar e permanecer estressado, é provável que veja sonhos em que está feliz.

Apesar deste sentimento nos sonhos que refletem a tristeza na vida real, pode estar feliz na vida real se em seus sonhos algum amigo ou parente também estiver. Este é o único momento em que sua felicidade nos sonhos se estende para sua vida real.

A felicidade é um estado emocional que pode não estar presente na vida real quando se encontra feliz em seus sonhos. Na verdade sonhar com felicidade é bem ao contrário. E quando está triste ou estressado na vida real é quando vê e se sente feliz nos seus sonhos. Se está se sentindo feliz no sonho, significa que está triste, chorando ou cheio de tristeza na sua vida real. É seu cérebro que tenta compensar a tristeza na vida real evocando sonhos felizes.

Toda a alegria que possa manifestar num sonho, pode estar a destinar-se a um esfriamento. Pois para os estudiosos da matéria, isso pode anunciar notícias um pouco desagradáveis.

De qualquer maneira, se sonhou estar alegre de um modo geral, isso significa um grande êxito. Podemos dizer que até significa uma vitória e uma grande realização a nível profissional e económico.

Em termos sentimentais, isso pode trazer um presságio de novas afeições e/ou amizades com grandes probabilidades de vencer no futuro.

Em geral, sonhar com alegria também significa tristeza, mas tem algumas diferenças. Alegria em um sonho também significa ser indiferente quanto a seguir as ordens que lhe pedem que siga. Se ela no seu sonho advém da libertação de um prisioneiro ou a recuperação de uma pessoa doente, então isso significa mudanças positivas em sua vida.

Os sonhos relacionados com alegria nem sempre se relacionem com boas notícias, como já vimos. A alegria em sonhos também pode ser um sinal de que está perdendo bons momentos e a sensação de ser feliz. Seus sonhos felizes podem deixar perceber o que exatamente está perdendo na vida.

Significados positivos: Chorar de alegria nos sonhos indica o sentimento de satisfação apesar de suas dificuldades. Estes também são sinais de que você está muito estressado e precisa liberar algo, chorando ou ficando feliz definitivamente. Sonhando que se sente alegre também pode ser um sinal de que deseja ser feliz. No entanto, na realidade está passando uma fase triste.

É importante notar quem está feliz no seu sonho. Algumas pessoas também veem rostos estranhos que estão felizes. Podem ser seus adversários, que estão sorrindo em suas lutas e tristezas. Sonhar com felicidade pode refletir situações da vida em que se sente bem por não ter que se preocupar mais com um problema. Alívio, conforto ou contentamento com o resultado de uma situação. Pode estar sentindo-se seguro ou amado. Alternativamente, pode refletir situações da vida em que está realmente sortudo por algo bom que aconteceu e sente amor próprio.

Significados negativos: Negativamente, este sentimento em um sonho pode ser um sinal de que está evitando desesperadamente enfrentar a verdade de um problema ou está envolvido em comportamentos de dependência ou excessos. Também pode refletir uma tendência de viver com desejo por coisas que realmente não pode acreditar que pode ter. Esta sensação em sonhos pode ser um sinal que está tendo problemas para enfrentar a realidade da situação. Por outro lado, sonhando que está feliz pode refletir uma tendência a se sentir confortável demais com ideias ou situações que não são boas para si. Estes sonhos também podem ser sentimentos de outras pessoas que ficaram felizes em ver suas falhas.

Finais felizes em sonhos podem refletir resultados positivos nos quais atualmente não está confiante o suficiente para acreditar. Negativamente, eles podem refletir satisfação em mandar os outros para baixo.

Sonhar com Tristeza

Sonhar com tristeza representa um sinal de que está a passar por uma fase extremamente complicada e difícil na sua vida. E para ultrapassar essa barreira é necessário que use toda a sua garra, persistência e firmeza a fim de resolver todos esses problemas que o afetam. Muitas vezes, quando sonhamos com uma emoção, acordamos do sonho ainda sentindo isso. Quando a emoção é poderosa e negativa, muitas vezes é produto de um pesadelo.

Algumas opiniões sugerem que ao sonhar com tristeza significa que coisas ruins estão chegando. No entanto existe um debate, sobre o significado desse sonho. Se os seus inimigos estão tristes, isso poderá indicar dificuldades no campo monetário. Se os seus familiares o deixam triste no seu sonho, poderá pressagiar uma traição em algum dos seus relacionamentos próximos ou uma infelicidade amorosa.

Algumas referências apontam também que os sonhos com tristeza significam que você está prestes a experimentar uma mudança positiva nos eventos de sua vida. Alguns especialistas referem que esses sonhos realmente significam que coisas boas estão chegando. Talvez ela seja realmente um tipo de luto pela forma como as coisas foram. E uma maneira de deixar ir essas coisas más para abraçar as coisas boas que estão por vir.

Muitas vezes estamos em eventos felizes, como o nascimento de uma criança, uma formatura ou mesmo um casamento. É um pouco triste deixar um estágio para trás ao embarcar em um novo, desconhecido. Sonhar com tristeza também significa que tem muito trabalho a fazer no departamento de recuperação do seu estado mental. Talvez sinta que precisa aprender com os erros e falhanços na sua vida e se lançar no caminho da felicidade.

Seu sonho pode aparecer porque tem um motivo óbvio para que ele apareça. Se for esse o caso, preste muita atenção ao que os outros podem dizer ou fazer no seu sonho; eles podem estar tentando ajudá-lo a lidar com sua situação. Ver alguém triste em seu sonho retrata que a pessoa não está feliz. Tente descobrir os motivos que causam dor e evite fazer essas coisas. A tristeza não é realmente difícil de entender, pois estes são sinais diretos para que refletem seus sentimentos.

Há vários motivos para se sentir triste. As falhas na vida, rupturas, perdas nos negócios, argumentos com o parceiro, estresse familiar e estresse no trabalho são alguns dos fatores comuns responsáveis pela tristeza. Responda a si mesma alguma questão relacionada à tristeza em seu sonho. Na sua vida está realmente triste por algum motivo? Sente falta de alguém na vida? Tem sido ignorado pelo seu parceiro? Alguma situação está te deixando chateada no momento? Sente falta de algumas coisas do seu passado?

Os sonhos tristes muitas vezes falam sobre a tristeza da vida real da qual pode ou não estar ciente. E ela pode estar relacionada a qualquer área de sua vida e a qualquer período de sua vida.

Pode estar relacionado a algo que sentiu há muito tempo, ou apenas recentemente. Mas é essencial que lide com isso porque está colocando uma pressão na sua mente e possivelmente restringindo seu progresso, embora possa não estar ciente esse fato.

Frequentemente, o propósito dos sonhos tristes é nos fazer aceitar algumas coisas que sentimos e deixá-las no passado. Às vezes, o processo de desapego é o mais difícil e a maioria de nós está propensa a colocar os problemas que temos para baixo do tapete até que sejam esquecidos, sem que o problema seja resolvido. Tais questões enterradas surgem nos momentos mais inesperados e até nos chocam com o anúncio de sua presença.

Conscientemente, podemos acreditar que lidamos com eles porque não nos lembramos mais deles. Por isso é necessário lidar sempre com todas as situações difíceis que encontramos, por mais difícil que pareça. Sonhos desse tipo em que o contexto geral é triste, podem ter cenários diferentes e trazer mensagens diferentes. No sonho, pode estar tendo alguns sentimentos ou outra pessoa pode estar triste.

Quando sonha que alguém está triste: o sonho pode estar pedindo que tome consciência dos sentimentos de outras pessoas e não se concentre exclusivamente em si. Esse sonho também pode lembrar você e porque está triste, mesmo que não saiba disso. Estudos mostram que reprimir pensamentos na realidade geralmente os faz transparecer por meio de sonhos.

Pessoas que tendem a suprimir seus pensamentos negativos tendem a expressar sentimentos negativos e sonhos perturbadores. Eles revelam seu estado mental perturbado, como raiva, medo, tristeza, ansiedade, frustração, ressentimento e outros sentimentos negativos semelhantes. Infelizmente, a maioria das pessoas não se refere a esses sonhos, mesmo no caso de serem frequentes a algum conteúdo negativo reprimido pelo inconsciente que trazem consigo.

Algumas pessoas sabem que têm pensamentos negativos, mas se recusam a lidar com eles ou têm medo. Tendem a ter sonhos tristes cheios de conteúdo negativo. Essas pessoas geralmente têm problemas com a qualidade do sono e problemas para adormecer, acordando frequentemente à noite.

Há uma série de sentimentos diferentes que podem ser descobertos por meio de sonhos tristes. Às vezes, as pessoas não estão cientes do sentimento de culpa que têm por causa de alguma situação. E continuam tendo os mesmos sonhos até que finalmente percebem a mensagem. Isso costuma acontecer com cenários de sonho, como funerais, morte súbita de um ente querido e outros sonhos de conteúdo semelhante.

Só depois de ter esse sonho é que algumas pessoas podem tomar consciência do sentimento de culpa que carregam em relação à pessoa com quem sonharam. O subconsciente pode às vezes criar com mestria os detalhes de tal sonho para dar as pistas certas para a pessoa. E ajudá-la a lidar com seus sentimentos negativos.

Chorar: De acordo com as crenças de vários países, isso é um bom sinal. Isso significa que suas dores estão liberando a forma de lágrimas e se encontrará em um estado feliz em breve. Ao invés de chorar em pausas, é melhor soltar a tristeza de seu sistema de uma só vez.

Perder alguém: Perder alguém em sonhos indica que está perdendo emoção na vida.

Ver um amigo chorando: Isso quer dizer que um amigo sente a sua falta ou ele não está feliz consigo. Tente fazer um plano de reunião e passar seus melhores momentos de amizade com esse amigo.

Sonhos: Os seus significados

Se sonhar com aborrecimento: De modo geral se a pessoa que o aborrece no sonho é alguém com quem está familiarizado com a vida real, normalmente significa que a acha aborrecida na vida real. Se isso é algo que já sabe, ou que tem consciência, pode ser hora de tomar algumas medidas defensivas quando eles começarem a se infiltrar em seus sonhos. Talvez haja uma maneira de evitá-los ou, pelo menos, não os ver tantas vezes. Se puder privá-los de sua presença física, então terá uma boa chance de fazê-los desaparecer da sua mente. É tudo uma questão de ter a disciplina, de simplesmente esquecê-los, ou a astúcia para obtê-los fora de seu cérebro em uma base mais permanente.

Sonhar que está a aborrecendo as pessoas que o rodeiam: indica receber ganhos significativos, até se pode dizer, uma fortuna considerável. Se a pessoa que estiver a aborrecer nos seus sonhos for uma pessoa casada, pode começar por se prevenir, evitando definitivamente os seus rivais. Às vezes, quando está irritado com alguém em seus sonhos, isso não tem nada a ver com a pessoa que o aborrece. Especialmente se tem tido uma convulsão de sonhos onde tem sido incomodado por outras pessoas, isso pode significar que tem sido geralmente irritável nos últimos tempos. Então este sonho pode atuar como um aviso de que precisa parar.

Sonhar com Casamento

Qual é o simbolismo geral de um sonho com casamento? Se a pessoa com quem se casa é alguém que não conhece, talvez esteja buscando um relacionamento nutritivo. Também pode sugerir que tenha tido uma atitude de se proteger contra os outros.

Se no sonho estiver casando com outra pessoa no sonho indica que está em conflito com diferentes aspetos de um problema com relação a alguém próximo. Isso pode estar relacionado com sua própria personalidade e forma de abordagem nas dificuldades que surgem. Mas, se vê um casal no sonho é representativo da unidade fundamental da vida. Em uma visão simbólica, o sonho com casamento pode ser associado à energia criativa e um derramamento de futuro mais brilhante, como uma gravidez.

Sonhar com casamento indica que sente que vai haver um novo começo em qualquer situação da sua vida. Seja, em com um novo parceiro ou com a vida em geral. No entanto, quando o casamento aparece no seu sonho, isso pode estar associado com ideias de planejamento para o futuro, especialmente em termos de sua vida amorosa. O sentido simbólico indica que vai receber algo de novo em sua vida. Esses "presentes" podem potencialmente mudar sua vida para melhor.

Sonhos com casamento é sobre novos começos, mudanças e transições. Nem todos os sonhos desse tipo são positivos e também pode refletir a amargura, tristeza ou o medo. Mais concretamente, o estresse de planejar um evento desses muitas vezes pode levar a sonhos sobre ele. Um sonho desses, reflete suas questões sobre o compromisso e independência.

É muito comum em sonhos ver-se casando com o seu marido atual de novo, representa a sua felicidade conjugal. O sonho destaca o seu forte compromisso com o outro. Também pode significar uma nova fase (como a paternidade/maternidade, nova casa, etc) que está entrando na sua vida.

Se casar e tiver sonhos da boda, destaca o estresse de organizar um evento desses. Conflitos sobre detalhes da festa, a tensão com a família e sogros, medo do compromisso, e a perda de independência podem causar todos os sonhos de ansiedade. Estudos mostram que até 40% de noivas e noivos têm sonhos sobre a suas cerimónias e as coisas correm perfeitamente.

No sonho em que está se casando com seu ex-namorado sugere que aceitou aspectos dessa relação e aprendeu com os erros do passado. Alternativamente, isso significa que um relacionamento atual compartilha algo em comum com o seu relacionamento anterior com o seu ex. No entanto, uma vez que está ciente das semelhanças, sabe que não fazer os mesmos erros.

Se sonhar que a boda vai mal ou termina em desastre: então sugere que precisa resolver alguns aspetos negativos imediatamente. Este evento é um símbolo de uma mudança muito significativa que ocorrerá em sua vida, o que exatamente será, depende do tipo de sonho que teve.

Se sonhar com convidados de casamento: simboliza a grande felicidade familiar. Mas se todos os convidados estiverem vestidos de preto, então está prevendo um evento triste em sua vida.

Se sonhar que você casa com uma mulher ou com um homem idoso: significa que o sucesso nos negócios não irá chegar. Esta imagem simboliza sua lentidão na implementação de planos ou negócios importantes.

Se no sonho fizer um pedido de casamento: sugere que alguma situação vai tomar um rumo para o pior. Ser proposto em casamento em sonhos pode ser uma imagem de algo do exterior testando seu compromisso. Esta pode ser outra pessoa: um empregador potencial ou um projeto em que está pensando em se envolver. Sua reação no sonho revelará como realmente se sente sobre o que representa o noivo ou noiva. O que está sentindo durante a cerimônia? Você parece interessado em tudo? Hesita ou está emocionado e feliz? Essas emoções funcionam como um guia para o que realmente vai entender sobre o compromisso em sua vida real que aceitou ou está prestes a decidir.

Ver um anel: em seu sonho representa integridade e amor eterno. Se não é casado e encontra um anel de casamento, então isso significa que seu relacionamento pessoal chegou a um novo nível. O sonho em que perde o seu anel significa um problema ou questão não resolvida com seu parceiro. Se estiver com um vestido para esse tipo de evento pode estar avaliando um relacionamento atual e considerando a perspectiva de se casar. Pode estar pensando em fazer um compromisso com alguém, por exemplo.

Sonhos com a festa: indica que terá ótimos momentos com amigos ou conhecidos em breve. Não ver uma noiva ou noivo significa que pode se sentir bastante desconfortável porque não sabe como atuar em determinada situação com estranhos. Isso pode indicar que aceitará um compromisso social, mas pode não se sentir completamente à vontade com ele.

Se há comida na recepção ou um bolo de casamento: isso indica que às vezes se sente bastante exausto e precisa de "combustível" para mantê-lo em andamento. Positivamente, ganhará novos amigos e seus níveis de energia aumentarão de acordo.

Se o evento for na igreja: é um presságio positivo, pois indica que pode carregar a bagagem de outra pessoa emocionalmente. Este sonho também pode significar uma possível ligação matrimonial entre si e outra pessoa, ou alguém próximo que se casará em breve.

Casando com ex marido/esposa ou namorado(a): pode indicar que aprendeu com a experiência e aceitou o fim do relacionamento, e estar reconhecendo as semelhanças entre o seu ex e um relacionamento atual.

Preparativos: o sonho de planejamento do evento pode refletir sua antecipação e entusiasmo por se casar. Ou pode estar explorando a ideia de se casar ou considerar seus planos potenciais para o seu futuro.

Sonhar com o Marido

Sonhar com marido ou parceiro doméstico pode ser incrível ou pode ser um grande pesadelo. Você já acordou de um sonho terrível que envolvia o seu marido, completamente em pânico e convencido de que o sonho será um espelho da vida real? Se sim, saiba que você não está sozinho. Sonhar com seu parceiro é super comum, e só porque um sonho era realista, não significa que está fadado a se tornar realidade. Sonhos com maridos podem simbolizar amor, carinho, intimidade, prazer e várias outras coisas associadas ao seu casamento.

Quando sonha com ele ou qualquer pessoa significativa em sua vida, geralmente é um reflexo de algo que está acontecendo em relação a essa pessoa. Seu sonho reflete o relacionamento, bem como seus sentimentos por ele, conscientes e inconscientemente. Tais sonhos podem ser a maneira de sua mente de resolver as coisas que estão incomodando você. Os problemas entre você podem ter se tornado uma grande preocupação, até encontrar seu caminho em seus sonhos.

Estes sonhos também podem ser a maneira da sua mente de chamar a atenção para detalhes que nem sequer pode ver ou perceber na vida real. Se em seu sonho você estiver irritada com ele, pode haver sentimentos reprimidos de raiva e hostilidade para com ele na vida real. Possivelmente algo com o qual não sabe lidar.

Lauri Loewenberg, uma intérprete profissional de sonhos, diz que nossos sonhos costumam fazer referência a problemas de nossa vida real. "Os sonhos estão alertando sobre esse problema e informando que isso está incomodando". Estes sonhos podem apenas refletir como vê o seu relacionamento e seus sentimentos inconscientes sobre ele. No entanto, você também pode projetar outras variáveis daquilo que viu no sonho. O marido em sonhos pode representar também seu pai ou o lado masculino da sua personalidade.

Felizes: se vir o seu esposo em sonhos significa que estamos vivendo momentos muito felizes e que predomina em nosso parceiro compreensão. Por sua vez, pode ser ligado ao desejo de ter filhos.

Discussão: sonhando com discussão com seu esposo, indica que pode vir a ter fortes brigas com ele, mas que, apesar da disputa, vão reconciliar. Não entre em pânico, ainda pode reverter a situação.

Emagrecer: ver ele muito emagrecido indica que um ente querido ou nós próprios, estamos prestes a sofrer com uma doença.

Divórcio: O sonho de se divorciar dele reflete o que você pensa durante o dia. Mas não se preocupe porque os sonhos geralmente implicam o contrário. Basta prestar mais atenção ao seu relacionamento e mantê-lo com cuidado.

Casamento: sonhar em se casar com seu esposo novamente implica em uma vida matrimonial simples e em sua esperança de rever o doce casamento e o desejo por uma vida nova e emocionante.

Brigando: sonhar em brigar muito com ele, sugere que você está vivendo uma vida estressante recentemente. Existem algumas disputas difíceis de resolver e você está em um relacionamento tenso. Você deve tentar entendê-lo e melhorar o entendimento mútuo.

Maltratada: se você sonhou que foi maltratada por ele, que culpou sua deslealdade, significa que ele o respeita e confia, mas você deve ter cuidado com a bravura de outro homem, o que será um problema para você.

Separação: se você sonhou que se separou por um tempo, mas ele ficou mais alto depois de voltar, isso significa que ele se envolverá em atividades sociais e você deve ter mais consideração e cuidar mais dele.

Doente: Sonhar que seu esposo está doente significa que ele pode ter um caso e, muitas vezes, intimidar você em casa.

Cansado: se você sonhou que ele estava muito cansado, significa que você pode adoecer gravemente ou um de seus familiares ficará acamado.

Sonhar com a morte de seu esposo: implica que você se preocupa muito com ele e algo que aconteceu durante o dia leva ao seu sonho. Além disso, indica que você estará cercado de tristeza e que está tão cansado que precisa descansar. Este sonho também é um sinal de fortuna e significa que você terá uma vida feliz e rica. Os sonhos em que ele foi morto com outra mulher implica consentimento de algumas fofocas e quer lembrar você de acreditar no seu próprio julgamento, em vez de manter uma fé cega nas fofocas. Sonhar com a morte do seu esposo doente significa que ele se recuperará em breve.

Se você brigou com ele na realidade e sonhou com sua morte: isso significa que fará as pazes.

Sonhar em se dar bem com seu esposo: sugere que ele é notável e popular entre as mulheres, e você deve entendê-lo e se importar com ele para que ele a ame mais.

Zumbi: se você sonhou que ele se tornou um zumbi, isso prevê que seu relacionamento melhorará e haverá surpresas em sua vida.

Bonito e alegre: sonhar com seu esposo era bonito e alegre sugere que sua vida familiar é feliz e você é promissora. Se você é solteira, este sonho sugere que você deseja ser mais charmosa e graciosa.

Fazendo amor: o que significa se você sonha fazendo sexo com o seu marido? Quando em sonhos teve a chance de fazer amor com seu cônjuge, a previsão nem sempre está associada à vida pessoal. Com base em alguns detalhes, o livro dos sonhos prevê eventos em outras áreas. Fazer amor com prazer acontece na véspera do crescimento na carreira e do sucesso nos negócios. Este tipo de sonho, pode ser associado a fortes tradições familiares e harmonia em casa. O sexo em um sonho o avisa de um engano e isso virá da pessoa que você menos espera de tudo. Um sonho desses também indica sua imaginação. Você pode ter medo de ceder aos desejos e necessidades de outras pessoas. É natural ter sonhos em que está fazendo amor com seu esposo durante um período de separação, pois você sonha com um tão esperado encontro, mesmo enquanto dorme.

Medo de ser traída: De acordo com vários especialistas, esta é a explicação mais óbvia. Aqueles com sonhos frequentes de traição podem se sentir inseguros quanto ao seu próprio desejo e temer que seu parceiro encontre alguém melhor. Se isso é algo com que você se preocupa com frequência durante o dia, faz sentido que suas preocupações encontrem seu caminho para seus sonhos à noite. Qualquer que seja a origem do medo, o sonho pode indicar um medo da vida real que você poderia se beneficiar ao discutir com seu parceiro. Não é fácil admitir inseguranças, muito menos falar em trapaças. Mas se você conseguir tirar isso de seu peito e deixar seu parceiro saber como você está se sentindo, isso pode resultar em mais confiança e apoio – e menos sonhos de traição.

Já foi traída antes e não superou: pessoas que foram traídas frequentemente têm sonhos de traição como seria de esperar. Se seu parceiro já traiu antes, um sonho de traição pode indicar que você ainda precisa reconstruir a confiança. Se outra pessoa o traiu, você pode ter medo de que seu parceiro faça o mesmo. Embora um sonho de traição possa não ser um sinal de problema, se você continuar tendo, valerá a pena pensar no impacto que a traição teve em sua vida e dedicar um tempo para resolver o problema.

Existe mais alguém na vida do seu parceiro: mesmo que seu parceiro não tenha outro parceiro ou interesse romântico, você pode sentir que alguém ou algo está se interpondo entre vocês. Pode ser um amigo, seu trabalho, um bebê ou qualquer coisa que faça você se sentir "traído" no tempo que você acha que eles lhe devem.

Você se sente traído: Se continua tendo sonhos de traição, pode ter tido uma briga recente com seu parceiro que o fez se sentir traído. Você pode sentir, por exemplo, que não concordou com ele ou achar que ele não estava priorizando você. Essa traição virá à tona em seus sonhos.

Suspeita de traição: OK, agora a parte ruim: às vezes, os sonhos de trapaça indicam uma crença subconsciente de que seu parceiro realmente pode estar trapaceando. Talvez você tenha ignorado os sinais de traição – como o fato de eles estarem escondendo o telefone, mudando de aparência, menos interessados em sexo, etc. – porque não quer enfrentá-los em sua vida real, mas é mais difícil adivinhar e analisar os seus sentimentos quando estiver dormindo.

A morte de seu esposo: significa tomarmos cuidado com nossas atitudes frias e calculistas, pois ele sempre consegue ir mais longe. Se o seu marido é morto por outra mulher no sonho, está relacionado à perda de bens materiais comuns ou risco de ruptura no relacionamento.

Sonhar com os Filhos

Sonhar com filho é um símbolo de mudanças positivas, mas que depende inteiramente do momento e contexto em que os viu no sonho. Geralmente este sonho representa um bom presságio. Pode predizer momentos de sorte pela frente.

Deve recordar que sonhar é uma coisa muito comum nas pessoas. E por vezes temos sonhos curiosos que gostaríamos muito de saber o significado. Ainda mais, quando o sonho é com pessoas importantes nas nossas vidas, como é o exemplo dos filhos.

Os detalhes de idade também são importantes no processo de interpretação do sonho, assim diferentes estágios de idade em sonhos, significam coisas diferentes.

Em alguns dos casos o significado pode não estar relacionado com o seu filho mas sim consigo. Uma vez que ele é uma parte de você, pode simbolizar seu potencial refletido.

Também é importante ter noção das atividades que está fazendo durante o sonho. O contexto do sonho é importante, mas, em geral, esse é um sonho positivo.

Pode simbolizar um novo empreendimento no qual você vai estar envolvido, ou qualquer tipo de novos começos. Em geral, sonhar que você é pai ou mãe significa que vê uma vida familiar feliz pela frente.

A simbologia de sonhar com filho é bem vasta. Se você sonhou que estava se casando com ele, isso quer dizer que, provavelmente ocorrerá na sua vida uma aventura amorosa e inesperada. Se o seu sonho tiver sido com rebentos que você não tem, quer dizer, que terá uma decepção amorosa.

Já se no sonho tiver um bonito, é porque você espera ganhar um presente, e ter muita felicidade em breve. Caso no sonho o seu seja doente ou esteja ferido, é sinal de tristeza e angústia. Se você sonhou com um deles abandonado, sofrendo, ou morto, é sinal que corre um grande risco de ter problemas num futuro próximo.

Ao sonhar que você está em algum lado procurando eles e, ouviu suas vozes, mas não é capaz de encontrá-los, então significa que está procurando freneticamente o melhor para eles. Este sonho também significa que você está se sentindo envergonhado de não gastar mais tempo com eles. Ele também sugere que não encontrou provas de seu progresso na vida e quer reviver os velhos tempos.

Os sonhos que está vendo ou falando com ele: são um bom presságio. O sonho em que eles aparecem, refere-se ao seu próprio potencial, porque sente que ele uma parte de você. Além disso, todas as esperanças que você tem para ele na vida real se aplicam a si mesmo. Portanto, esses sonhos podem também simbolizar o despertar de seu próprio potencial de maneiras inesperadas.

Conversando: sonhar que você está conversando com seu filho, independentemente de quaisquer detalhes desse encontro, pode ser um reflexo de seu desejo interior de mudar algo em seu relacionamento com ele. Por exemplo, pode querer se conectar com ele com mais frequência, alternar os chats virtuais para encontros frequentes na vida real ou até mesmo mudar completamente o estilo e o tom das interações entre vocês dois. Essa interpretação é especialmente precisa se seu relacionamento tem passado por um período difícil recentemente. Alternativamente, tal visão pode predizer que no futuro próximo você ouvirá algum tipo de notícia inesperada sobre ele, que pode ser boa ou ruim.

Sorrindo: sonhar com o seu filho sorrindo é um símbolo do amor e indica relacionamentos agradáveis em sua vida.

Chorando: mas se o seu rebento está chorando em seu sonho, isso pode ser um sinal de problemas de saúde ou desapontamentos.

Gatinhando: se você vê seu descendente em bebê gatinhando ou caminhando sozinho em uma idade muito jovem, isso é um sinal de que pode agir e pensar sozinho. E que é muito independente.

Obediente: se em seu sonho ele é obediente e escuta-o com cuidado, isso significa que suas esperanças e sonhos se tornarão realidade.

Bom: Ter um rebento bom em um sonho é um sinal muito positivo. Este sonho também pode significar que espera que ele o deixe muito orgulhoso na vida real.

Lindo: um sonho em que você tem um filho bem-comportado e bonito é geralmente considerado um símbolo excepcionalmente favorável, indicando boa sorte no futuro próximo. Essa visão prediz que será capaz de conduzir seus projetos, planos e empreendimentos atuais a um sucesso notável e vitórias magníficas. Embora seja impossível dizer quando exatamente essas conquistas começariam a acontecer ou qual seria seu impacto a longo prazo em sua vida desperta, pode-se dizer com certeza que tudo em que você está investindo seu tempo e esforços, está fadado a ter um resultado favorável.

Caindo: se você é mulher, um sonho em que vê ele caindo, independentemente dos eventos específicos que levaram a esse evento, geralmente é interpretado como um símbolo que prediz má sorte e desenvolvimentos problemáticos no futuro próximo. A mesma visão possui um significado muito mais suave se for capaz de resgatá-lo dessa crise mostrada pelo sonho. Considere este sonho como nada mais que uma sugestão amigável para prestar mais atenção à sua atitude e ações. Isso se deseja evitar o surgimento de adversidades e situações desagradáveis no futuro.

Morte: acredita-se que o sonho horripilante em que você testemunha a morte dele, ao contrário da impressão imediata que deixa em você, seja um presságio excepcionalmente favorável. Essa visão pode predizer uma série de desenvolvimentos altamente afortunados e eventos promissores que trariam grande sucesso para si, para ele ou ambos. Embora seja impossível prever o impacto a longo prazo desses acontecimentos em suas vidas, pode-se dizer com certeza que seu efeito imediato seria agradável e fortalecedor.

Sendo pai ou mãe: se você não tem filhos na realidade, um sonho em que se vê sendo abençoado tendo um, é provavelmente um reflexo de sua busca interior por um significado pessoal ou verdadeira vocação na vida. Talvez esteja tendo dúvidas sobre sua profissão atual, ponderando a possibilidade de perseguir determinado sonho ou apenas se perguntando se está aproveitando ao máximo seu tempo. Portanto, considere esta visão como uma sugestão para avaliar seus pontos fortes, paixões, habilidades e aspirações para aumentar suas chances de tomar uma decisão que acabaria por ser benéfica para si como um ser humano único, aproximando-o um passo da verdadeira felicidade.

Assassinado: um sonho em que por acaso você fica sabendo do assassinato dele, independentemente de tê-lo testemunhado sendo morto ou apenas ouvido, é um símbolo que pode sugerir que devem reavaliar cuidadosamente seu propósito atual ao acordar. Talvez possa estar se entregando a atividades inúteis demais, passando muito tempo com distrações desnecessárias ou apenas conseguindo muito menos do que poderia. Lembre-se de que a vida é curta e que viver de acordo com as expectativas internas e externas é uma das maneiras válidas de aproveitar ao máximo o seu tempo, se essas expectativas coincidirem com suas crenças e princípios pessoais.

Dando à luz: independentemente de você ter ou não filhos na vida real, um sonho no qual você se vê no processo de dar à luz um bebê é considerado uma visão favorável, indicando a presença de uma infinidade de circunstâncias e condições benéficas que poderiam ajudá-la em agarrar um sonho há muito acalentado ou mesmo se tornar a pessoa que você sempre quis ser. Levando isso em consideração, pode ser sensato analisar o estado atual de sua vida e, finalmente, dar o primeiro passo necessário em direção aos seus objetivos. Embora seja impossível prever o sucesso dessa jornada no final, tudo indica que agora pode ser o melhor momento para embarcar nela.

Abraçando: um sonho em que você se vê abraçando-o, independentemente de quem foi o iniciador desse abraço, é geralmente considerado um sinal excepcionalmente favorável. Ele prediz o sucesso futuro e boa sorte para aquelas pessoas que estima. Essa prosperidade e melhorias gerais provavelmente estariam relacionadas a todos os aspectos de sua vida desperta, mas é difícil prever quão duráveis e consistentes seriam a longo prazo. No entanto, é claro que este período que se aproxima seria marcado por uma infinidade de vibrações positivas entre si e seus entes queridos.

Discussão e briga: sonhar que você está envolvido em uma discussão longa, tediosa e cansativa com ele, independentemente do tópico específico, então isso é interpretado como um reflexo de algum dano recente. Ele pode ter sido cometido a um membro de sua família ou mesmo à sua casa em geral. Como alternativa, tal visão poderia estar prenunciando despesas significativas no futuro próximo. Assim como como a incapacidade relacionada de atender com sucesso todas as necessidades de sua família. Muito provavelmente, esse período não vai resultar em sérias dificuldades a longo prazo. Ainda assim pode criar alguma tensão e ansiedade temporárias entre você e seus parentes mais próximos.

Abandonando: A visão em sonhos dele saindo de sua casa, por exemplo, ao sair para a faculdade ou decidir começar a viver por conta própria, geralmente é interpretada como um sinal bastante desfavorável. É muito provável que o ambiente e o humor dentro de sua família possam se deteriorar significativamente no futuro próximo, possivelmente resultando na interrupção de todos os contatos com um determinado parente ou mesmo com vários membros da família.

Sonhar com Jesus Cristo

Sonhar com Jesus representa o esforço que fez para que seus maiores objetivos sejam alcançados. Se no sonho você está falando ou orando a Jesus, isso significa que em breve será abençoado com alegria, felicidade ou paz de espírito. Durante os seus momentos de dificuldades na luta pela conquista de um objetivo, tais sonhos dão forças para que continue firme. E nunca esmoreça devido a qualquer tipo de situação ou problema.

Costuma-se dizer que somos abençoados porque Ele ama a todos. Muitas pessoas ficam felizes ao terem esse sonho, pois acham que só pode ser uma coisa boa. É verdade que é visto como um símbolo positivo, no entanto, às vezes pode representar um aviso.

Sonhos com Jesus também podem levantar a questão da relação da crença das pessoas religiosas com a igreja. A discussão pode revelar que a força ou dúvida da crença, depende muito das circunstâncias. Normalmente ele encarna nossa própria personalidade com todas as suas possibilidades, o ideal de si mesmo, de modo à pessoa lutar mais pela busca da perfeição.

Sonhos: Os seus significados

O símbolo muitas vezes contém um convite para se esforçar melhor no autoconhecimento, para amadurecer e se desdobrar individualmente e pessoalmente. Desta forma, Ele também pode se tornar um professor e conselheiro. Às vezes, ele é visto em sonhos como um encorajamento para não perder a crença em si e confiar num destino favorável. Como você é um abençoado quando se sonha com Ele, esse sonho significa muita prosperidade e alegrias em sua vida.

Sonhos desses significam vitória, conquistas, objetivos e satisfação. Também indica paz eterna em relação à espiritualidade. É um sinal de força e satisfação. Este sonho indica ser feliz porque sua vida é alegre e pacífica. As pessoas que virem Cristo em sonho são genuínas e disciplinadas em relação aos princípios em suas vidas.

Sonhos com essa figura sagrada, também indicam conhecimento e viagens extremas. Isso significa que, sempre que a pessoa viaja, Ele estará lá para protegê-lo dos desafios da vida. Tenha certeza de que sua vida está indo para a divindade e a pureza. A presença dele nos sonhos indica respeito, dignidade e recuperação. O respeito é relacionado a você mesmo. Existem certos sinais quando precisa ter muito cuidado com seu sonho.

Algumas pessoas veem que ele está chorando em sonhos. Este não é realmente um bom presságio. O sinal está relacionado à morte de alguma coisa importante para si, não precisa ser uma pessoa. Quando Ele chora no sonho, está relacionado aos seus pecados. O sonho indica que o senhor não está feliz com seu karma. Ninguém tem dúvida que sonhar com um ser tão amado, só pode trazer alegrias para quem tem esse sonho. Não esqueça que ele se sacrificou por nós. Durante a noite de sono pode ser comum também ter sonhos com o seu anjo da guarda.

Perseguindo: nestes sonhos Ele pode aparecer fazendo ameaças e perseguições. Decerto que você está passando por problemas com ansiedade.

Próximo: se no sonho você está perto dele isso quer dizer, que você terá muita proteção.

Conversando: já se estiver conversando com Ele, isso significa que muitas coisas boas estão por vir. Por outro lado se for Jesus falando com você em um sonho, pode indicar um símbolo de recebimento da palavra de Deus. Se você sonhar com uma pessoa sem rosto que afirma ser Jesus, então este é um aviso de que você provavelmente será enganado por pessoas ou falsos profetas. Se você o vir falando com outros seres divinos mais uma vez, anote o que ouve e tire o significado disso.

Abençoando: ao sonhar que Ele está abençoando você, isso mostrará que seus empreendimentos irão prosperar.

Descendo do céu: se você sonhar com Ele vindo do céu, como nas profecias, algum acontecimento vai fazer uma grande e positiva diferença em sua vida. Esta é uma mensagem que pode fazer uma grande diferença para o seu progresso espiritual e alma. Por outro lado, esse sonho também significa que você deve começar a abandonar as áreas de seus pecados. Isso também pode significar que a visitação do Senhor em sua vida, casa, casamento etc.

Sonhos: Os seus significados

Ascensão ao céu: um sonho com a subida de Cristo aos céus é um sinal positivo. Se você o vir com uma vestimenta branca ascendendo ao céu, isso indica que seus fardos acabaram. A vinda de Cristo também pode nos dizer sua missão de libertar, curar e restaurar as pessoas oprimidas. É importante que você entenda este símbolo, porque você certamente se sentirá exultante ao acordar do sonho.

Orando: se você sonha que Cristo orou pelas pessoas, ou curou os enfermos e ressuscitou os mortos, isso mostra que o Espírito Santo está tocando sua alma para futuras mudanças que podem ser vistas como milagres. Este símbolo é frequentemente associado a poder, unção e salvação. Mais importante ainda, reflete que você pode entender o propósito do Espírito Santo para lhe mostrar o caminho.

Se você sonha com Cristo colocando as mãos sobre você: isso mostra que provavelmente encontrará mudanças rápidas, mas deve analisar bem o sonho para ver se eles são realmente a palavra de Deus. É agradável receber o fruto do Espírito Santo. É esse espírito que o distingue como um verdadeiro filho ou filha de Sião. Então, se vir o Espírito Santo dizendo para você receber um dos frutos do espírito, por exemplo, amor, isso foi representa que você deve amar as pessoas como ama a si mesmo. A Bíblia deixa claro que todos recebem o Espírito Santo no momento em que creem em Cristo (Romanos 8: 9; 1 Coríntios 12:13; Efésios 1: 13-14).

Face: se você sonha com a cara dele, significa que o Espírito Santo está com você. Certamente é um sinal claro de que seus desafios atuais estão nas mãos de Deus. Às vezes, pode representar a necessidade de você confessar e se arrepender do pecado (Pv 28:13) e, portanto, pode mostrar uma direção divina assim como foi mostrada a Moisés.   O significado espiritual destes sonhos, geralmente simboliza vida longa e boa fortuna. No entanto, se a pessoa que sonha com Deus é uma alma perdida, isso prediz que tal pessoa será salva pelo poder de Sua ressurreição.

Ver a cruz: enquanto isso, ver a cruz em um sonho são bons exemplos de amor e pureza. Um cristão nunca será completamente vitorioso na vida, a menos que esteja quebrantado e ande em retidão. O pecado pode impedir uma pessoa de ter conexão com Deus. Não importa seu nome, riquezas, títulos na sociedade, se você não for salvo, será esquecido por Deus. Cristo não morreu na cruz em vão. Se você entende o que a bíblia chama de pecado de abominação, então você entenderia o efeito do pecado na vida espiritual de alguém.

Avisando: sonhar com Jesus pode ter vários significados, dependendo de como parece. Se você sonha que Ele está avisando, significa que tem uma segunda chance de se arrepender de seu pecado e fugir completamente dele. Uma vez que você foi avisado pelo Espírito Santo e ainda assim foi em frente e cometeu o pecado, não se surpreenda que a penalidade possa se manifestar na forma de morte ou aflição prematura. A bíblia dá um bom relato do preço que pagou pelos nossos pecados (Efésios 1: 7), mas de muitas maneiras ainda sofremos as consequências de nossos pecados.

Imagem: a imagem de Cristo em seus sonhos também significa que a misericórdia de Deus chegou (Salmo 103: 1-22). O medo de entregar sua vida a Cristo e a necessidade de muda-la estão crescendo lentamente dentro de você com base na quantidade de coisas profanas que cometeu no passado ou mesmo no presente. Resumindo, se você sonha que vê Ele, não há nada a temer, pois esse sonho pressagia que você começará a ver as mãos de Deus na sua vida. Deus ama sua igreja e sempre se certificará de que a porta do inferno não prevalecerá contra ela. Este sonho também pode significar que Deus está planejando capacitá-lo e reanimá-lo novamente.

Igreja: se você está em uma igreja e de repente vê ou tem um sentimento da presença de Cristo ao seu redor, isso também significa que está possuindo o fogo do Espírito Santo. O que esse sonho significa nas essências é que você florescerá brevemente (Lucas 4:12).

Cruz: o símbolo da cruz em sonhos representa um bom sinal de nossa fé e conexão com Deus. Ele morreu na cruz pelos pecadores, especialmente para o perdão dos nossos pecados. O pecado é a violação da lei de Deus. Exige um preço a ser pago porque, como Romanos 6:23 nos diz: "O salário do pecado é a morte". Porém, se você sonha com a Cruz, indique a necessidade de se sacrificar pelos outros. Além disso, diz a você para caminhar nas áreas de amar as pessoas e ajudar ao crescimento espiritual. O pecado é tão terrível e destrutivo, mas se você sonha que vê uma cruz sem Cristo nela, isso significa que você está brincando com a sua salvação, e também pode significar fraqueza espiritual.

Aparecendo somente para você: sonhar que Jesus apareceu somente para você, por exemplo em sua casa, significa que o messias veio para trazer luz, poder e transmitir uma mensagem importante. Este símbolo em sonhos, significa paz e também está relacionado com a sua salvação e modos de vida. Ver esse ser divino em seu sonho é um dos melhores sinais. Quando ele está falando com você, é para instrução, correção, inspiração ou advertência. Observe seus sentimentos após este tema de sonho. Se você acordou feliz, estável, tranquilo, isso mostra que você experimentará flexibilidade no seu serviço a Deus. Certamente, que esse tipo de sonho lhe dá a mais confiança. E mesmo que você não esteja tendo a sensação de sua presença, com orações, ela se manifestará. Este sonho está tentando transmitir que em breve você verá as coisas mudando em sua vida e as preocupações desaparecendo. A aparição dele em seu sonho indica a consciência de sua presença divina. Esta visitação tem como objetivo capacitá-lo espiritualmente e dar-lhe esperança em relação às suas expectativas.

Quando você sonha que está fugindo dele: isso mostra que o inimigo está afastando você da presença de Deus. Isso é particularmente verdade quando você acha difícil entregar sua vida a Cristo ou dedicar-se totalmente a ele.

Sonhar com Elefante

Sonhar com elefante significa felicidade, sucesso, fartura e muita lealdade na sua vida. Se você viu um elefante em sonho, o presságio é de muito boa sorte em todos os sentidos; e, ver uma manada é sinal de muita prosperidade. Elefantes amestrados é certeza de muitos e sinceros amigos. Sonhar que alimenta elefantes é prenúncio de êxito social. Montar em elefante é anúncio de pura sorte nos negócios. Quando, em sonho, aparecem elefantes enfurecidos ou agressivos, é sinal de obstáculos, mas de solução rápida. Caçar ou matar um elefante, acautele-se contra perdas e pequenos acidentes. Se você viu um elefante se apresentando em espetáculo, saiba que sua aspiração maior será alcançada.

Sonhar com elefante, de uma maneira geral, indica que você está passando por momentos de modificação em sua vida, sendo que algumas delas podem ser bastante radicais, seja para o lado positivo ou para o lado negativo.

O significado de sonhar com elefante também leva a momentos de sorte e de fartura nos negócios e, se você for uma pessoa prudente, poderá obter bons resultados, dependendo do sonho e das atitudes que tomar confiando em seu subconsciente.

O sonho com elefante ainda pode representar o amor e o afeto em família, o senso de responsabilidade com relação a pessoas mais carentes e necessitadas Para as mulheres, sonhar com elefante é um bom sinal: pode significar a aproximação de um novo relacionamento, um homem rico, que se mostrará afetuoso e dedicado à família.

Sonhar com elefante branco: sonhar com elefante branco indica a compra de alguma coisa importante para sua vida, informando que você está para tomar posse de algum bem imóvel ou de bens ativos financeiros. O sonho com elefante branco também pode representar uma revelação ou uma visão espiritual, revelando que você poderá ter, em breve, a resposta a todas as suas questões, tanto ligadas ao lado espiritual quanto material.

Sonhar com elefante preto: sonhar com elefante preto é um sinal de que você está perto de encontrar sua posição na vida. O preto transmite sofisticação e luxo e o elefante significa a fartura. Quando você une as duas coisas, a simbologia informa que você terá meios de se tornar uma pessoa com muitos bens.

Sonhar com elefante cinza? sonhar com elefante cinza é prenúncio de momentos de paz e felicidade em sua vida familiar, com muita alegria e fartura, indicando que você está alcançando a liberdade que tanto procurava e sendo tudo isso um reflexo de sua atuação profissional.

Sonhar com filhote de elefante: sonhar com filhote de elefante pode indicar a multiplicação da felicidade em família, podendo mesmo ser um presságio de que você terá pessoas novas na família, possivelmente um bebê para trazer mais alegria.

Sonhar com elefante nadando: sonhar com elefante nadando indica algo de negativo em sua vida. Um elefante nadando pode representar futuros problemas, principalmente no trabalho, com algumas situações um tanto complicadas que exigirão muito de sua atenção e dedicação. O sonho também mostra que você deve reagir a essa situação de maneira natural e racional, sem se deixar levar pela preocupação, pela ansiedade ou pelo negativismo. Trata-se de um problema que não levará muito tempo para ser resolvido e, portanto, você não precisa ficar muito alarmado.

Sonhar com elefante tomando banho: sonhar com elefante tomando banho tem uma interpretação bastante positiva para sua vida emocional: o sonho indica que você vai se aproximar de uma pessoa que se tornará muito amiga, trazendo grandes oportunidades para sua ascensão social.

Sonhar com elefante bebendo água: sonhar com elefante bebendo água indica que o tempo futuro e próximo irá lhe trazer grandes benefícios em sua vida profissional, podendo ter uma promoção ou aumento de salário. Prepare-se para receber uma responsabilidade que é o seu objetivo há muito tempo.

Sonhar com elefante carregando gente: sonhar com elefante carregando gente é um sonho extremamente positivo, significando que não importa quais sejam os objetivos que você tenha em mente, eles serão alcançados com seu esforço e dedicação. Seja no trabalho ou no negócio, o sonho com elefante carregando gente mostra que você terá ao seu redor pessoas que dependerão de você e que lhe darão todo o apoio para que você consiga aquilo que é necessário para a subsistência dessas pessoas.

Sonhar com elefante voando: sonhar com elefante voando indica viagens em tempo breve. Como o elefante é um símbolo mais inclinado à vida farta, o sonho pode indicar viagens a negócios, levando você a conquistar mais espaço em sua vida profissional, com contatos que trarão muitos lucros, principalmente de pessoas e empresas do exterior.

Sonhar com elefante bravo

Sonhar com elefante bravo mostra que você encontrará sérios obstáculos em seu trabalho e na vida profissional, devendo estar sempre atento a tudo o que acontece à sua volta e com as pessoas com quem trabalha. Esses obstáculos, no entanto, serão vencidos, desde que você sempre mantenha a calma e a cabeça fria, agindo de forma racional, sem precipitação.

Sonhar com elefante morto: sonhar com elefante morto é um presságio negativo, indicando que algo irá atrapalhar os seus planos, ou que você perderá uma boa chance de atingir seus objetivos. Mesmo que aconteça algo que lhe provoque desânimo, siga em frente. Se algo não deu certo na primeira vez, você poderá tentar novamente, contando com a experiência obtida.

Sonhar com elefantes: sonhar com muitos elefantes é um sinal bastante positivo. Como o elefante é símbolo da fartura e da sabedoria, você pode prever em seu futuro um período de riqueza e de prosperidade, atingindo seus interesses pessoais e profissionais, obtendo bons lucros em seus negócios. Mantenha-se sempre ponderado, tomando as decisões mais acertadas e planejando cuidadosamente o que faz, podendo, assim, contar com o apoio de pessoas conhecidas, de amigos e familiares, que também estarão interessados em lucrar junto com você.

Os Sonhos na Pandemia

Os sonhos são uma pequena janela para o seu inconsciente, os quais o ajudam a processar as coisas que lhe aconteceram tanto no passado quanto no presente. Entre as pistas mais comuns encontradas em sonhos, estão os medos, os traumas e os fatos que marcaram sua vida.

Jung, um dos maiores psicanalistas de todos os tempos, chama essa área, em que ficam escondidos os traumas e as memórias abandonadas, de sombra. Para Freud, é nos sonhos que ela se apresenta, como uma tentativa de deixar o Id (parte inconsciente) atingir o consciente, para o devido processamento.

Claro que, durante a pandemia de coronavírus, muitas pessoas estão passando por momentos de luto, seja pela perda de alguém, de algum trabalho ou até da sua liberdade. Consequentemente, as sombras começam a aparecer em seus sonhos, dando origem a sonhos loucos e aparentemente desconexos.

Entenda melhor a influência das sombras durante os sonhos na pandemia por meio de alguns estudos acerca do tema e o que isso pode representar em sua vida.

Muitas pessoas estão tendo sonhos loucos durante a pandemia aparentemente sem sentido e até desconfortáveis. A quantidade de sonhos considerados reais também está aumentando. Por outro lado, a qualidade do sono diminui consideravelmente, mantendo o cansaço ao longo do dia.

Isso está acontecendo por causa de um efeito traumático coletivo que tem origem na pandemia. Diversos estudos observaram esse fenômeno durante a ascensão de Hitler ou depois do 11 de setembro, pois existe uma linha tênue entre o indivíduo e a sociedade, causando uma experiência social compartilhada.

Dessa forma, o cérebro procura formas de processar todo esse trauma atual, o processo de luto pelas diversas perdas no período e o medo da doença por meio dos sonhos. Claro que nem sempre as imagens do sonho farão sentido, afinal são os recortes do inconsciente e o processamento de emoções reprimidas.

Entenda melhor essa relação com alguns estudos que estão avaliando a atual situação, seja no Brasil ou no mundo.

Existem diversos estudos realizados nessa pandemia para tentar explicar o fenômeno do sonhar em tempos de crise. Entre eles, estão pesquisadores brasileiros e muitos outros ao redor do mundo. O sonho, afinal, é uma poderosa janela para o que nos atinge como sociedade. Veja alguns dos principais estudos:

Pandemic Dreams (Sonhos da Pandemia): realizado pela Universidade de Harvard e liderado por Deirdre Barrett;

Dreaming during Covid-19 Pandemic: Computational assessment of dreams reveals mental suffering and fear of contagion (Sonhos durante a pandemia de Covid-19: a avaliação computacional dos sonhos revela sofrimento mental e medo de contágio): realizado pelo Centro de Pesquisa, Inovação e Difusão em Neuromatemática da UFRN;

Sonhos confinados: realizado em parceria pela UFMG, USP e UFRGS.

A base teórica utilizada para fundamentar o estudo dos sonhos nesses artigos científicos é ampla e percorre um longo trajeto, desde eventos sociais de grande impacto psicológico até teorias de interpretação dos sonhos, como as de Jung e Freud.

Para a coleta de dados, a internet é a solução para essa fase de pandemia, sempre com critérios bem definidos. Normalmente, os dados são coletados por formulários, com envio de áudios dos participantes e análise do seu teor.

Depois de vistos individualmente, são processados como nuvens de palavras, para compreender quais são os termos e os sentimentos mais comuns a todas as pessoas. E é a partir daí que se consegue compreender melhor o coletivo e o que estamos sofrendo como sociedade.

Um dos pontos mais interessantes retratados nos estudos sobre sonhos loucos durante a pandemia é o fato de que as pessoas têm sonhado mais. Até mesmo aquelas que não costumavam se lembrar dos sonhos, passaram a ter essa experiência ao acordar.

Além de mais frequentes, os sonhos têm se apresentado mais intensos, mais tangíveis. Cheiros, cores, sensações, sons... muito mais reais, eles estão consumindo mais energia do que antes. Como resultado, pessoas mais cansadas e estressadas para encarar uma rotina em meio a um 'novo normal'.

As pesquisas realizadas e em andamento estão mostrando que os sonhos são um reflexo desse momento atual. Um período traumático, repleto de medo, como o do desconhecido, o da doença, o da morte, o da perda e isso se reflete não apenas nas interações do dia a dia, mas também no sonhar coletivo, com sinais similares em todos os cantos do mundo.

Além disso, também estamos todos passando por diversos processos de luto, desde a perda da liberdade, dos laços sociais, do toque, do afeto tão inerente ao cerne humano. Nem é necessário mencionar o luto pelas milhares de mortes em todo o mundo, pessoas que perderam o trabalho ou a família.

Dessa forma, o sonhar - como ferramenta de processamento de medos, dores e traumas reflete claramente o momento atual. Sendo mais reais, desconfortáveis ou verdadeiros escapes da realidade, eles apresentam elementos para ajudar a superar essa fase que a humanidade está compartilhando.

Entre os sentimentos mais comuns apresentados pelos participantes das pesquisas, estão obviamente o medo da morte, da contaminação e da solidão. Ademais, aparecem fortes traços de revolta com o sistema, com a doença, consigo mesmo, com as pessoas em geral.

Outro sentimento comum é o de perda, seja de algo tangível – como as chaves, o carro no estacionamento, o celular etc. – ou de memória, controle e afins. Também é comum perceber o sentimento de perda de pessoas, como em um show ou em meio a uma confusão na rua.

Como um fenômeno coletivo, ter sonhos loucos durante a pandemia provoca uma série de sentimentos comuns, independentemente da condição social ou do país onde a pessoa vive. E eles aparecem na narrativa do que foi sonhado com uma semântica muito similar.

Ou seja, as palavras comuns estão presentes em sonhos de pessoas ao redor do mundo e as mais comuns são: medo, nojo, limpeza, contaminação, susto, horror e monstros. Também estão presentes as palavras sozinho, esquisito, vívido/real, pesadelo, perda, morte, raiva e tristeza.

Sonhos: Os seus significados

Médicos, enfermeiros, agentes de descontaminação e muitos outros profissionais atuam na linha de frente contra o coronavírus em todo o mundo. Dessa forma, a dor, o sufocamento, a perda diária e a exaustão fazem parte da rotina deles. Consequentemente, seus sonhos vão refletir de forma muito mais intensa essa pandemia.

Além dos sonhos típicos do coletivo com todos os sentimentos e as palavras já mencionadas, quem atua diretamente com a COVID-19 tende a ter pesadelos terríveis. Isso é resultado do estresse pós-traumático, podendo ser representado pela escolha entre dar o respirador para um paciente e deixar outro morrer ou ver corpos alinhados no corredor do hospital.

Para quem está em casa cumprindo corretamente a quarentena e evitando sair sempre que possível, pode ser que também tenha pesadelos similares aos trabalhadores de frente, porém com menor intensidade.

Um detalhe: se ficar o dia todo na frente do "plim-plim", se ainda não morreu de medo, estará tendo pesadelos terríveis, objetivo principal desta emissora.

Apesar disso, o processamento do trauma é evidente, mesmo que a pessoa não consiga se lembrar do sonho. Geralmente, acordam mais cansados, não tão recuperados para viver o dia seguinte.

O impacto da pandemia - seus riscos e o isolamento - sobre os sonhos é significativo. Afinal, eles são formados a partir de elementos sociais e emoções pessoais, todos fortemente ligados ao COVID-19. Isso explica os sonhos loucos durante a pandemia, mas alerta o perigo para a saúde mental. Sonhos loucos durante a pandemia podem sinalizar sofrimento mental!

A melhor coisa a se fazer é desligar sua televisão dos canais abertos, ou fechados, filiados ao "plim-plim", pois todas as suas notícias são fabricadas por pseudojornalistas no intuito de dizimar parte da população, intenção presente no programa do GO (Governo Oculto), em sua luta pelo controle mundial da população.

A televisão brasileira está em uma guerra contra a presidência atual do país, que tem lutado pela moralização e enquadramento de corruptos e sugadores dos bens nacionais. A presidência, a todo custo e contra milhões de comunistas e socialistas, inibe roubos, fraudes, falcatruas e gastos exorbitantes com polpudas verbas que eram direcionadas a imprensa, com caráter político, em governos anteriores.

Ao invés de trabalhar em prol da população, pelo povo e com o povo, estes pseudojornalistas, formados nas faculdades espelhadas em Paulo Freire, se utilizam dos meios de comunicação para fazer uma lavagem cerebral na camada populacional menos informada, mais ignorante e que não procura conhecimento, conduzindo o "gado" em direção a seus interesses pessoais.

Defendem um Brasil sem militares, sem polícia armada, sem Bancos, sem Empresários, sem Empreendedores, sem Cristãos e sem família. Apoiam partidos Socialistas e Comunistas, aliados a países onde o povo sofre e é torturado, tais como Cuba, Venezuela, Argentina, Coréia do Norte, Nicarágua. Defendem o Aborto Livre, a não existência de sexo Masculino ou Feminino (tudo será o mesmo Gênero), a não obrigação de Trabalhar ou Estudar, Escolas sem disciplina, que Crianças dos 4 aos 10 anos tenham introdução sexual nas escolas com meninas ou meninos a depender de sua própria vontade, Bolsas Famílias e todas as Bolsas valerão, um país sem presídios, com drogas liberadas, onde o assaltante é a vítima e o policial o bandido; que os ladrões e traficantes fiquem livres na praia e os defensores da lei e da ordem sejam presos. Onde a pedofilia é livre, o estuprador não é criminoso (é doente) e os presos recebam Bolsa presidiário!

Bibliografia:

ALLEYNE, Richard. *Black and white TV generation have monochrome dreams*. Daily Telegraph. Consultado em 19 de Dezembro de 2018

FREUD, Sigmund. *A interpretação dos sonhos*. Rio de Janeiro: Imago, 1999.

GARCIA, Rafael. *O sonho acabou?* Revista Galileu, n. 145, agosto, 2003.

HALL, James. Jung *e a interpretação dos sonhos*. São Paulo: Cultrix, 1997.

HISGAIL, Fani (org.). *A ciência dos sonhos*. São Paulo: Unimarco, 2000.

KHOURY, Thaís. Formada em Psicologia pela Universidade Paulista, com pós-graduação em Psicologia Analítica. Utiliza a interpretação dos sonhos, a calatonia e a expressão criativa em seus atendimentos. Personare: *Do autoconhecimento ao bem-viver.*

MALAMUD, Silvia, *Artigos*, Silvia Malamud é psicóloga clínica, terapeuta certificada em EMDR e Brainspotting, especialista em sonhos e autora do livro "Projeto Secreto Universos" e "Sequestradores de Almas" da Editora Gente. Consultado em 20 de janeiro de 2021.

MIRANDA, Yubertson. Formado em Filosofia pela PUC-MG, é simbologista, numerólogo, astrólogo e tarólogo. Personare: *Do autoconhecimento ao bem-viver.*

O'CONNOR, Anahad. *Nem todas as pessoas sonham colorido, dizem cientistas.* G1.com. Consultado em 19 de janeiro de 2021

RIBEIRO, Sidarta (2010). *Sonhos. De onde vêm as histórias que vivemos dormindo? Ciências hoje das crianças* (219). 3 páginas

SILVA, Jorge. *EU SEM FRONTEIRAS.* Consultado em 25 de janeiro de 2021.

TONIN, Juliana Viveiros. Redatora publicitária com conhecimento em SEO e copywriting, estudante de MBA em gestão estratégica de marketing. Apaixonada por livros, gatos, música e pelo mundo holístico, por isso também é praticante da bruxaria natural. Sua paixão está na literatura e nas terapias holísticas. *Guia dos Sonhos iQuilibrio.* Consultado em 25 de janeiro de 2021.

UFRGS - *A interpretação dos sonhos* - versão para download. Consultado em 13 de março de 2009

ZENKLUB, 10 setembro, 2020. Consultado em 25 de janeiro de 2021.

Sonhos: Os seus significados

O AUTOR

Israel Foguel é formado em Comunicação e Expressão pela Faculdade de Ciências e Letras de Araras/SP. Concluiu o curso superior de Pedagogia pela Faculdade de Filosofia, Ciências e Letras de Ouro Fino/MG e pós-graduação em Meio Ambiente pela Faculdade de Tecnologia, Ciências e Educação de Pirassununga/SP.

É especializado em "Estruturas Linguísticas e Dinâmica Sócio-Linguística do Léxico" e "Formação e Estruturação Sintático e Semântica do Léxico" pela Faculdade de Filosofia, Ciências e Letras Barão de Mauá, de Ribeirão Preto/SP.

Em 1976 lançou o livro "Messages from my Interior". Depois lançou mais de uma centena de livros, já publicados.

Diretor do Teatro Municipal Cacilda Becker, de Pirassununga há 30 anos. Trabalha como servidor da Prefeitura Municipal de Pirassununga há 49 anos e como docente por 28 anos, concomitantemente.

É professor de Língua Portuguesa, Língua Inglesa, Literatura Brasileira, Literatura norte-americana, História Geral e Técnica Teatral. É jornalista profissional (Mtb 50.147/SP) desde 31.07.2007.

Atualmente exerce as funções de jornalista; escritor, membro Efetivo e Perpétuo da APLACE – Academia Pirassununguense de Letras, Artes, Ciências e Educação ocupando a cadeira 28, cujo patrono é a atriz Cacilda Becker, atualmente exercendo o cargo de presidente; é membro Acadêmico da ALUBRA - Academia Luminescência Brasileira, de Araraquara, ocupando a cadeira 45; é membro Acadêmico da ALTO – Academia de Letras de Teófilo Otoni, Minas Gerais; faz palestras em faculdades, escolas e entidades assistenciais.

Possui um canal no Youtube denominado "Escritor de Sucesso" com centenas de vídeos didáticos.

É casado com Vera Lúcia de Souza Foguel e tem dois filhos (William – casado com Juliana) e (Priscilla – casada com Daniel). Tem três netos: Yohann e Loren Yasmin, filhos de William e Juliana, e Pyetra, filha de Priscilla e Daniel.

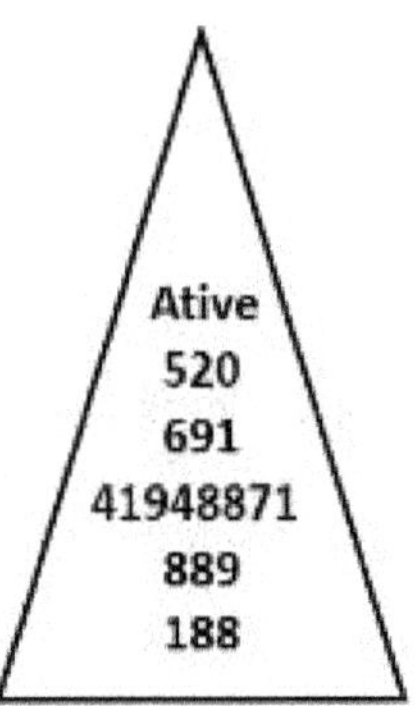

Este livro foi impresso no formato 14,8cm x 21,0cm, em papel couchê 90g, acabamento em brochura com orelhas e miolo em preto e branco pela Gráfica:

alphagraphics

Rua Rui Barbosa, 468/472 - Bela Vista - São Paulo/SP
2023